Thor Hanson

The Nature and Necessity of Bees

Thor Hanson

BUZZ
The Nature and Necessity of Bees

BUZZ

蜂：牠們從哪裡來，又為何如此重要？

索爾・漢森［著］ 駱宛琳［譯］

專業推薦

蜜蜂做為最重要的經濟昆蟲之一，研究的重點大多著重在飼養技術與產業上的發展、應用，相較之下，比較少提及蜜蜂和其他社會性蜂類在人類歷史與自然之間的關係，更別說那些看似經濟價值不高，但具有高度生態多樣性且非常重要的獨居性蜂類。這本書以豐富的生物學與人文歷史內涵，闡述蜜蜂以及各種蜂類生動有趣且耐人尋味的生命故事、科學研究發展事蹟，和這些可愛的小昆蟲們之所以重要的原因，一步步引領著我們了解牠們的奧祕，以及令人擔憂的處境。

——蔡明憲（台灣蜂類保育協會理事長）

目次

○ 蜂與人

○ 蜂的未來

○ 結語

作者的話

首先，我想在一開始就明確聲明，雖然在許多章節裡都提及了蜜蜂，但這本書並不是為了牠們量身而作。不論是牠們扭腰之舞、群起蜂擁，還是其他許多獨特又迷人的行為，都不會在本書裡被介紹；原因很簡單，因為這些主題，已經在別處好好地討論了。打從維吉爾起的作家，甚至包括至少兩位的諾貝爾獎得主，數百本優秀著作都圍繞著蜜蜂而撰。相比之下，這本書為蜂群整體而頌：從切葉蜂、熊蜂，到泥壺蜂、地花蜂、掘蜂、木蜂、袖黃斑蜂，林林總總。蜜蜂是這華麗陣容之一，但在本書裡，舞台必須共享，一如其處於大自然中一樣。此外，冒著讓我昆蟲學家朋友翻白眼的風險，在本書裡我決定採用許多白話詞彙。例如，任何昆蟲都可以稱為「蟲」，而不僅僅是屬於半翅目的昆蟲。至於無法避免使用的專業術語，將概括列於書末尾的附錄裡，讀者還可以在那裡找到蜂科的圖解指南，有參考價值的引用文獻，還有一系列章節註釋。我真心推薦這些後記：包含了許多有趣的小知識，只是為保持敘事流暢而沒有被囊括於主文裡——像是花蜜海盜、棗蜜，還有毛鬚蜂何得其名。

前言——一蜂在手

謙卑地蜂，歡喜地歌唱
直到失去了蜜糧、失去了螫針上膛

——莎士比亞《特洛伊圍城記》，約一六〇二年

十字弓發射時，只聽一聲沉悶聲響，我們看著弩箭騰空消失在枝葉林蔭間，拖曳著一條單絲纖維釣魚線，在灑落的陽光裡閃耀著。我的現場助手從弓的位置抬頭向上看，滿意地點點頭，然後從十字弓前端用膠帶黏妥的捲線器裡，放出更多的線。對他來說，一整天的工作就是在忙這些事，是為了協助生物學家把繩索與研究器材高高地固定在哥斯大黎加（Costa Rica）雨林裡的標準流程。不出幾分鐘，我和另一個同事就把我們的捕蟲器在那位置裝好。自此，我職業生涯裡頭一遭開始正式地研究起了蜂。至少是嘗試研究。

研究計畫並沒有如預期般發展。好幾日裡，在樹林間射著箭，把各式各樣的新奇器械懸掛起

來，只抓到了為數不多的標本，其中大部分還是來自那次我們不小心把陷阱撞到窩巢裡，引起整巢蜂群起攻擊的刺激時刻。這情況讓人憤怒——不單是因為付出的時間與精力全功虧一簣，而是因為我真的知道，蜂群全在那兒。我能清楚地從我們設置陷阱的每一棵樹收集到的大量遺傳學實驗數據上，看到蜂的身影。藉由把成熟樹木的DNA，和其所產種子的DNA相比較，我知道花粉在這裡四面八方地到處移動——不只是在鄰近的個體間，甚至是在相隔一英里半（二點三公里）之遙的樹群之間。然後，因為這些樹木屬於豌豆科，我知道它們簇生的紫色花朵，正是為了適應蜂傳粉而生的，就像大巢菜、三葉草、豌豆和其他家裡附近常見的品種。最後，我不得不承認失敗，但這經驗卻催生了至今仍未消停的狂熱興致。我立即查找了蜂分類學與行為學的課程，尋找能夠追蹤牠們的方式——不論是在工作領域上、還是日常生活裡——自此從未間斷。有時候，我甚至抓到了幾隻。

一如其他對蜂感興趣的人一樣，我也關注最近的消息，且憂慮漸深。自從養蜂人在二〇〇六年第一次回報「蜂群崩壞症候群」的跡象，上百萬的馴養蜜蜂在眨眼之際就全消失無影了。從殺蟲劑到病原體，研究學者指出背後的各種原因，同時也揭露許多野生物種正急劇銳減。隨著新聞報導、紀錄片，加上總統任命的專案小組所敲響的警鐘，大眾對這議題的關注程度，是前所未有之高。但是，我們對於蜂的真正了解，到底有多少呢？甚至是專家人士，也常在細節裡栽跟頭。曾經，我在車裡聽著廣播，有個有名的科學歷史學家，描述早期移民如何在抵達詹姆斯鎮和普利茅斯時，也一同把蜜蜂從歐洲帶來了。他解釋道，如果他們當初沒有這麼做，那就不會有任何東西能夠幫助他們為農作物傳粉了。那害我幾乎把車開出車道！這要置那「四千種」已經在北美洲快樂地嗡鳴來去的原生蜂種於何地呢？不過，這還不是最糟的。在我的辦公室書架上，擺著一本《世間之蜂》的精裝本。這本書是由一位備受崇敬的昆蟲學家所撰，並且是由一間很好的非小說出版社所出版，只不過，該書的封面，是一張好看的……蒼蠅特寫照片。

我們常說人類膳食裡每三口食物，就有一口是蜂提供的。不過一如我們所仰賴的這麼多自然奇觀，如今，牠們多半不在我們意識察覺範圍以內。一九一二年時，法國昆蟲學家史萊登觀察發現，「每個人都認識那結實又心地善良的熊蜂。」這樣的論述在史萊登年代的英國鄉間或許為真，但在一個世紀之後，我們對於蜂所身處困境的了解，要比蜂本身要來得更加熟悉。我曾經在海邊的一小塊草原進行過實驗，就在從我家小徑再往下走一點的地方。我得到一個小規模計畫的經費，可以支持我去研究生物學上一個最基礎的問題：在野外，到底有些什麼呢？因為，雖然我的居處離美加兩國裡六所研究型大學都不過一天的路程，我們仍然欠缺當地原生蜂種的詳細清單。那季裡，我所收集的四十五個物種只不過是個開端。幸運的是對我們全體來說，不論你住在哪裡，要重新和蜂產生連結，就和在夏日裡走出前門一樣簡單。濾掉屬於現代生活的喧囂，在每一塊開放的土地，從果園、農地到森林與城市公園、閒置土地、高速公路的中間安全島還有後院花園裡，你依舊能夠聽見牠們——那些無處不在，卻總被略而無視的訪客的嗡嗡鳴響。我們也很幸運，那些我們對蜂的了解，構成了一個難以抵抗的美妙故事。這故事從困在琥珀裡的遠古標本開始，然後很快地進展到喜愛蜂蜜的鳥、花的源頭、擬態、布穀、香味縷縷、幾不可能的空氣動力學，還有，很可能是我們自身演化裡的一大步。

今日的蜂毫無疑問地需要我們的幫助，但是，同等重要的是，牠們也需要我們的好奇心。探索這些必不可少生物的歷史與生物學，足夠把每個人都轉變為對蜂熱衷的人，而這也正是這本書的初衷。不過，我希望你能夠不單只是把這本書讀完。我希望，這書能夠讓你想要在下一個晴朗的日子，直接走到戶外，找到一隻停在花上的蜂，然後駐足而賞。如果你真的如此做的話，可能會發現自己敢於把手伸出去、抓住那蜂——徒手——就像我年少的兒子從三歲就開始如此做一樣。照著這個試試看，你也會感覺到在把手指頭慢慢地攤開，把蜂高舉，送其自由之前，那在掌心裡，來自小小隻腳的搔癢，與那翅膀輕聲地沙沙作響。

導論——那些年，我們一起追過的蜂

躺下吧，靜靜地聽——直到昏昏欲睡
五感沉沉，不知人間——聽那漂泊的蜂，細語軟喃

——華茲沃斯《春之頌》（*Vernal Ode*）一八一七年

沒有人會信任一副外骨骼。光是瞥見昆蟲或是其他節肢動物，就能夠在人腦裡，觸發足以測量到的恐懼反應。[1]常常這時候，和厭惡有關的神經突觸也會被激發。[2]心理學家認為這些感覺是先天內生的，是一種對某種可能會咬人、叮人或是傳播疾病的東西，所演化出來的反應。而且，這些脆而易碎、截斷狀的軀幹，自有一種從內心深處傳來的他者感；就算在安全距離之內，我們也知道如果一腳踩上去，會嘎吱作響，讓人起雞皮疙瘩。哺乳動物如我們，屬於脊椎動物，純潔地把結構構造以骨骼的形式，在身體「內」藏好，絕不招搖過市。技術上來說，把堅硬的部分露在外頭，或許是比較好的演化策略——節肢動物在數量上遠多過脊椎動物，超過二十比一。但這依然無助於人們覺得外骨

骼生物詭譎的事實，尤其因為牠們常常同時具備多面體般的複眼、揮舞的觸角和好多隻亂爬的腳。電影製作人也對此心知肚明，這也是為什麼雷利史考特讓《異形》的駭人怪物以昆蟲與海洋無脊椎動物為原型，而不是小狗；也是為什麼《魔戒》裡最悚然的生物不是長得像豬的妖魔，也不是洞穴裡的侏儒，而是屍羅，一隻巨大的蜘蛛。就連訓練有素的專家，有時候也對這讓人寒毛直豎的東西，感到招架不住。昆蟲學家洛克伍德在其著作《蟲害心靈》裡，坦承他之所以放棄原來的研究主題——還轉到哲學系所——就是突然之間，他再也受不了密密麻麻的蚱蜢了。

太多時候，我們與節肢動物的互動，都在揮趕拍打裡結束，甚至還通報給當地的滅蟲單位。當我們終於「掌」外開恩的時候，通常也是因為主角是看起來不像蟲的蟲——蝴蝶展示著亮眼多彩的翅膀，讓我們目眩神馳；毛態毛蟲披著虎紋絨毛，歡快地在地上蠕動；又或者是瓢蟲，因那十足可愛的萌樣，而備受喜愛。人們也喜歡蟋蟀，但這可能是因為牠們的唧唧樂曲，在夏夜中總能遠距離欣賞，而不用近距離目睹。[3]從經濟角度來看，蠶蛾因為價值連城的織品而被喜愛，全球所產的蟲膠也得歸功於一種小的亞洲介殼蟲。但我們對待昆蟲的態度，或許最能夠體現在全世界花費在殺蟲劑的支出上：目前是每年超過六百五十億美元。

在這種普遍不舒服的背景下，人類和蜂之間的連結就頗為獨樹一幟。牠們有著突出的大眼睛，

圖 I.1　我們對節肢動物的恐懼在故事裡被大量呈現，從聖經裡的蝗蟲、卡夫卡筆下的甲蟲，到一九二〇年代這些平裝雜誌封面上的恐怖圖片。來源：維基共享資源。

兩對膜狀翅膀，還有顯著的觸角，毫不掩飾自身的與眾不同。幼時的蜂，蠕動如蛆，但當牠們長大成熟後，有些物種能組成數以萬計的蜂群，每一個個體都能發動刺痛且具毒的針螫。一言以蔽之，牠們看起來就像是我們應該要害怕的昆蟲。但是，在歷史上、各地文化裡，人們已經克服或是擺脫了對蜂的恐懼，而和牠們建立了連結：觀察牠們、追蹤牠們、馴養牠們、研究牠們，為其做詩、寫著跟牠們有關的故事，甚至膜拜牠們。沒有其他種類的昆蟲，與我們如此親近；沒有其他昆蟲比牠們更為舉足輕重，也沒有其他昆蟲比牠們更受尊敬。

人類對蜂的迷戀，自史前時代起便已根深蒂固，早期人族一有機會就會去尋找蜂蜜的甜美。當遠古人類在地球各地遷徙時，也洗劫蜜蜂或是其他較不知名的物種，不斷追尋好持那份「甜頭」。從非洲、歐洲到澳洲，石器時代的畫家都在石洞壁畫上描繪了這一行為，捕捉住有時候需要攀爬長梯、高舉火炬，還涉及危險攀登的狩獵場景。對我們祖先來說，蜂蜜的價值，遠遠超越了幾次惱人蜂螫所帶來的不便，這也是為什麼他們甘願冒風險又不辭辛勞。

對任何一處開始定居農墾的人類來說，從襲擊野生蜂群，轉變到有組織的養蜂模式，似乎是順理成章的發展。在歐洲、近東、北非的新石器時代農業活動遺址處，已發現帶有蜂蠟的古陶器碎片，有些可以追溯到超過八千五百年前。[4]第一位養蜂人出現的確切時間地點依然成謎，但埃及人在公元前三千年，就已經將這項技藝完善，把蜂養在泥製長管裡，最終也學會配合著季節性農作與野花花季，把牠們擺渡上下尼羅河。人類早在馴養馬、駱駝、鴨甚至火雞之前，就開始養蜂，更不用提那些耳熟的農作，像是蘋果、燕麥、梨、桃子、豌豆、黃瓜、西瓜、芹菜、洋蔥或是咖啡豆。[5]在印度、印尼、猶加敦半島等遙遠的地方，人們獨立馴養著蜜蜂。而馬雅養蜂人也腦筋動得很快，馴養一種稱為「皇家女士」的雨林蜂種，這種蜂不會螫人。等到西台人統治西亞時，養蜂已被納入法律規範，任何被抓到竊取蜂窩的人都會面臨鉅額罰款，高達六個半盎司銀幣。希臘人須徵蜂蜜稅，要求競爭對手的養蜂場之間，保持至少三百英尺寬的距離。蜂蜜交易變得極為有利可圖，甚至激發了高度精湛的仿冒偽造。希羅多德描述用「小麥與檉柳的果實」，可以做出幾可亂真的糖漿替代品。[6]幾世紀以來，用棗子、無花果、葡萄與各種樹液所熬煮成的黏稠液體，提供了更便宜的替代選擇，但直到白糖問世之前，蜂蜜依然是世界上甜蜜滋味的終極標竿。

起初，這或許出自我們對甜食總有第二個胃的必然，但當人們發現蜂相關產品有其他用途時，這渴望便益加滋長。把蜂蜜與水混合之後發酵，過不了多久，就提供了既美味又可靠的醉酒效果。學者認為蜜酒飲料是最古老的酒類之一；它至少已經有九千年的歷史，並以不同的版本被釀造與暢飲，而且很可能歷時更久。[7]遠古中國時的酒鬼酷愛痛飲一種加了白米與山楂的蜜酒，塞爾特人則用榛子

圖 I.2　這幅來自十三世紀阿拉伯文本中的插畫中，描繪的藥師正在配置一種典型萬靈藥，用於治療虛弱與食慾不振。此配方成分包括了蜂蜜、蜂蠟，以及人類的淚水。取自 Abdullah ibn al-Fadl 所著《以蜂蜜備製藥物》（一二二四年）。Image © The Metropolitan Museum of Art.

增添風味，而芬蘭人則偏愛檸檬皮。在衣索比亞，人們至今仍偏好加點鼠李苦苦的葉子。不過，或許蜜酒裡最烈的版本，當屬那些產自中美洲與南美洲雨林，在那兒，馬雅人與各個部落裡的薩滿巫師，把有麻醉作用的根與樹皮摻入其中，而製成各種使人迷幻的變化版。[8]事實上，各類醫者、治療師，早已認可蜂的好處，推薦使用蜂蜜、蜜酒、蜂蠟軟膏、蜂膠（某些蜂從植物芽裡所收集而來的樹脂狀物質，用以建造蜂巢）。甚至是螫針裡的毒液，都能夠用來治療各種疾病。十二世紀時，敘利亞典籍《醫學集》把遠古時候的治療方針集結成冊，在一千則處方裡，有超過三百五十箋需要用到蜂相關產品。[9]而那無名作者甚至把蜂蜜水，列入每天需飲的養生補品（適量地混以葡萄酒與各一丁點的大茴香子與碾碎的胡椒子）。

當歷史學家冉妽在談論蜂時寫道：「我們不可能高估牠們在過去對人類的價值。」這絕非言過其實。[10]像是那甜滋滋、酣醉還有醫療效果還不夠似的，蜂用以照明時，也毫不遜色。從史前時代一直到工業時代初始，若要驅走黑暗，總離不開濃煙和爆裂聲——營火、火炬，甚至是簡單的油燈與燈心草，都帶著魚油與動物脂肪的難聞氣味。在那時代裡，只有燃燒蜂蠟，能提供乾淨、穩定、聞起來舒服的亮光。幾千年來，聖殿、教堂還有富裕人家，都夜夜亮著那樣的光。於是，除了蜂蠟的多種其他用途——從防水、防腐到冶金——還得再加上製成蠟燭一項，而且，供不應求的狀況，使蜂蠟成

圖I.3　根據一則希臘與羅馬的神話，一切都是從這裡開始的：那是戴奧尼索斯（也被稱為巴克斯）在一棵中空樹洞裡捕獲了第一群蜂群。皮耶羅　柯西莫所畫的《巴克斯發現蜂蜜》（大約一四九九年）。圖片來源：維基共享資源。

為最有價值的蜂產品之一。當羅馬人在西元前兩世紀，最終征服科西嘉島時，他們拒絕了該島著名的蜂蜜，換以僅僅只用蜂蠟為貢品——每年高達驚人的二十萬磅。[11] 順理成章似地，當時負責監督稅課的書記與官員，幾乎可以斷定他們的筆記是在另一項跟蜂相關的發明上進行的：世界上第一種方便擦拭的書寫表面。遠在黑板發明以前，小型的刻寫板在塗上蠟之後，可以用尖筆刻寫，還便於存檔與傳送，之後只要再次加熱、整平、就能夠再度使用了。[12]

打從一開始，蜂就與我們同在。作為眾多商品的源頭，其中有些還極為奢侈，這也難怪這些昆蟲足以在民間故事、神話，甚至是信仰裡，搭上一腳。傳說故事裡的蜂，通常扮演著神的使者，牠們所賜的禮物，被視為能夠瞥見神識天意。埃及人把牠們視作太陽神「拉」的眼淚；而古老法國故事裡，則把蜂歸籍給耶穌，說是當祂在約旦河沐浴時，從手上所濺出的水珠四散而形成的。從酒神戴歐尼斯到聖瓦倫丁，神與聖人都是蜂的守護者與養蜂人；而在印度，蜂則做成了愛神迦摩哼鳴的弓弦。成群的蜂則預示了戰爭、乾旱、洪水，還有其他縱貫遠古世界裡的重大事件。在中國，象徵著鴻運當頭；在印度與羅馬，則是惡兆臨門。根據西塞羅所言，有一大群的蜂，預示了柏拉圖的雄辯滔滔與智慧，因為當他還是襁褓中嬰兒的時候，牠們成群結隊地停在這大哲學家的唇瓣上。蜂之女祭司（me-lissae，在希臘文裡是「蜜蜂」之意）在神殿裡祭祀月神阿提密斯、愛神阿芙蘿黛蒂和豐收之神狄密特。[13]在德爾菲，蜜蜂也有一席之地，在那兒享譽盛名的神諭有時候被稱作「德爾菲之蜂」。

因為其超凡脫俗的甜美，蜂的糖漿膳食也被認為是神聖之物，出現在傳說中的次數之頻繁，足可和蜂牠自己相提並論。舉例而言，相傳宙斯之母，把還是嬰孩的兒子藏在洞穴裡，讓野生蜂直接把甜美的花蜜與蜂蜜，從蜂的嘴裡餵進祂口，把年幼的神祇哺育至成年。印度教的神毘濕奴、奎師那和因陀羅也是靠類似的食物長大，所以三位一起被總稱為「誕自花蜜的神」。而在斯堪地那維亞，嬰孩奧丁偏愛把祂的蜂蜜混以從祭獻之羊而取得的羊奶。不論是眾神的杯中物，還是被烘焙進天堂般美味的蛋糕，蜂蜜主導了從瓦爾哈拉到奧林帕斯峰，到世界各處的菜單——不論何地，都有著把蜂所採集的甜美，連接上神之食物的傳統。對於虔誠的信徒來說，這也預示著正義報償的前景。從《古蘭經》到《聖經》，從塞爾特神話到科普特法典，都把天堂描述成流淌著蜂蜜、蜜滿成河的地方。

無論在象徵的意蘊裡還是日常作息中，蜂之於人的價值，根深蒂固於牠們的生物學特性。現代的蜂彷若工程學的奇蹟，牠們擁有全方位的紫外光視覺，靈巧地緊密索合的翅膀，還有一對異常靈敏的觸角，能夠嗅聞出從玫瑰開花到炸彈，甚至是癌症的各種氣味。蜂和開花植物的共生演化，形塑了牠們最值得關注的那些性狀表徵。花朵為蜂提供製作蜂蜜與蜂蠟的原料，並驅使蜂導航、溝通、合作，甚至在有些情況下，振翅嗡鳴。作為回報，蜂也從事著牠們最為基本而重要的服務。然而，說也奇怪，直到十七世紀，人們才開始理解——更不用說感謝欣賞了——這一點。

當德國植物學家卡梅拉流士在一六九四年首次發表他對於授粉作用的觀察時，大多數的科學家都嗤之以鼻，認為這種關於植物有性生殖的觀點不僅荒誕無稽，甚至猥褻淫穢。數十年之後，米勒對於蜂造訪鬱金香花朵的描述，在他暢銷的《園藝之典》中，仍被視為過為淫猥大膽。經過眾多投訴後，出版社在書籍的第三、四、五版中徹底將這段內容刪除。但是，任何一個可以接觸到農田、果園甚至是一盆花的人，都可以驗證授粉概念的真實性。最終，這場蜂與花之間的雙人舞，終於引起了包括達爾文、孟德爾在內的一些生物學巨擘（也是養蜂愛好者）的極大興趣。如今，授粉作用依然是重要的學術研究領域，因為我們認識到其不僅能夠帶給我們深刻啟示，更是無可替代。身處二十一世紀，甜度來自精緻白糖，蠟是石油的副產品，我們只要輕輕一扳開關就能得到光明。然而，對於那些無法依靠風力完成繁殖的大部分農作物與野生植物來說，我們對蜂的依賴依舊是全然的。當蜂踉蹌多舛時，其影響的深遠程度足以一躍新聞頭條。

最近，關乎蜂的熱議多到比蜂自己的嗡鳴還要響亮。野外與馴養蜂巢裡蜂群的大規模死亡，威脅到我們一直以來視為理所當然地重要的花粉與花卉互動關係。不過，蜂的故事絕不單單只是論述危機或是困境的敘事。牠們可是帶領我們從恐龍時代穿越，經歷達爾文稱之為「糟糕透頂的謎團」的生物多樣性爆炸劇增時期。蜂幫助塑造了我們人類演化的自然環境，而牠們的歷程和我們自己的命運也經常交織在一起。這本書的副標題提綱挈領了內容走向：探索蜂那些最「蜂」的自然本質如何讓牠們變得如此不可或缺。為了瞭解牠們，並且最終能夠幫助牠們，我們不單是需要洞悉蜂從哪裡來、牠們如何運作，還必須理解牠們如何成為昆蟲裡數一數二能夠激發人類喜愛情感，甚至超越恐懼的物種。蜂的故事，始自生物學，但也從中讓我們理解了我們自己。這解釋了為什麼我們把蜂留在身邊這麼長的時間，為什麼廣告業者不論是要兜售啤酒，還是早餐穀片，不論是什麼商品都轉求於蜂，還有為什麼我們最出色的詩人偏愛讓他們的花「滿綴蜂群」、讓唇「豐如蜂螫」、讓林間空地「蜂鳴盈耳」。人們研究蜂，好能夠更深入了解從集體決策到成癮行為、到建築結構、到大眾運輸效率的一切大小事。身為最近才適應於龐大群體生活的社會性動物，我們對於這群（至少部分）已經成功地如此行之上百萬年的生物，有許多可借鏡之處。

在過去，世界各地的人們聽到蜂嗡鳴之聲時，常視之為已故親人的聲音，認為這是來自靈魂世界的呢喃低語。這種信仰源遠流長，可追溯至埃及、希臘等各地方文化，傳統上人們相信，當人的靈魂離開身體之後，會以蜂的形式出現，在前往下一站旅程之前，短暫地成為眼可見（耳可聽）的存在。儘管現代聽眾對於這種生動的生命響動更能實際地理解，但那強大的力量仍然永續不衰，被我們與蜂之間長遠又親密的連結，在無意識地急迫下被加以放大強化。不過，關於蜂的討論，並不單是起自我們強加到牠們身上的殺蟲劑、棲地流失或其它挑戰，而是始自牠們的崛起，一段因為飢餓與創新而有的古老課訓。沒有人知道到底是哪些接二連三的事件，而造就了蜂的起始，不過，所有人都能夠至少同意一件事：我們知道那聽起來是什麼。

成為蜂

演化從不曾是從零開始創造新事物
而是在已存在的事物上進行改造

——賈可布《演化與修補》一九七七年

第一章　蜂，食「素」性也

你們這些雄辯滔滔
綉絨毛毛
又兇巴巴的小夥伴
一直彈奏著
你們飛翔的
美妙大提琴
從我的毛地黃出來
從我的玫瑰出來
小蜜蜂啊
帶著你們長毛鬚的
沾滿著花語的鼻子，快出來

——諾曼蓋爾（Norman Rowland Gale）〈蜂〉（*Bees*）一九八五年

對那嗡鳴，我無法置若未聞。我的目的地落在前方的寬廣沙石坑，我能看到那兒白點翩飛，正是我受委託來尋找的罕見蝴蝶。我應該馬上向其奔去，準備好捕蟲網和筆記本。但我腳下的土地正嗡嗡作響，發出大地的氣顫音呼喚我立即關注。這正是研究自然史的難處啊——當世界充滿驚奇時，該如何專注在特定任務上呢？「盯緊目標」，我對自己說。這忠告來自天行者路克。他在《星際大戰》混亂的最終決戰裡，仍努力把目標緊鎖在那個能夠一舉炸毀死星的小小排氣口上。但，天可憐見我的委託人，我欠缺一個絕地武士所擁有的專注力。那蝴蝶啊蝴蝶，得先等等。

蹲下身，我發現自己被胡蜂包圍，數有成千。牠們光滑的黑金色身軀，在空中漫天疾馳飛轉，像營火燃放的火星一樣閃爍。但不同於火花，胡蜂終歸是有目的地，降落在構成牠們蜂窩的那些小巢口旁邊。那可是我見過最大的蜂巢了。我感到一股腎上腺素激增，不是來自被螫的危險，而是來自發掘到的狂喜。對蜂有興趣的人來說，找到合適的胡蜂蜂窩，就好比能夠倒轉時光一樣。如果我沒有搞錯的話，我腳下土地上的這些小洞穴，可掌握著蜂族如何演化、為何演化的關鍵線索。擱下捕蝶網、筆記本，把蝴蝶的心思放一旁，俯身趴下，把臉湊近地面，開始觀察。

一隻胡蜂立即降落在幾寸遠的礫石地上，急促地前後移動著，速度快得連我的視線都難以跟上。牠朝著一處特定的沙塊而去，突然間停了下來，伸出了前腳就開始挖，利用後腳把殘土刨飛，既宛若一隻狗，又像一個小塊頭美式足球運動員正在練習胯下拋接球。其他胡蜂在我周遭重複著同樣的動作，不斷拋扔著沙子，讓大地看起來彷彿在盪搖。有些胡蜂顧著舊巢孔，有些另闢新居，但個個皆分頭獨自工作。這些氣焰囂張的小挖掘工與虎頭蜂、黃胡蜂或是其他更為人所熟知的胡蜂不同，牠們不築造精美的紙窩、不讓自己成為野餐裡討打壞興的禍蟲。牠們也不臣服在女王底下，活在大型、有組織的社群中。牠們是獨居的物種，大夥聚集在一起，單只為了好好利用一塊上乘棲地。[1]我認出牠們屬於一個多元家族的成員——「泥」蜂（sphecid wasps）：這家族自一八〇二年被命名起，至今依然以這樣的名字廣為人知*。這名諱直接源自「sphix」，在希臘文裡正指胡蜂；這意味著對於早期的昆蟲學家來說，泥壺蜂完美地體現了胡蜂的生活形態，值得一個「胡蜂樣的胡蜂」的正規描述。但，這泥壺蜂之所以能讓我趴在地上以臉貼地，可以追溯到遠比林奈分類學還更古老的時代。在白堊紀中期，靠近恐龍稱霸的時候，一群膽大的泥壺蜂放棄了牠們最富胡蜂特點的習性。不久之後，牠們演化成了蜂。

---

* 分類學家最近將胡蜂分為三個不同的「科」，並且將與蜂類最親近的分類畫入一個名為銀口蜂科（Crabronidae）群組裡。然而，我們預期這種分類還會有進一步的修正，因此，在此我們依然使用了較為傳統且包容性的名稱，這樣的名稱使用在現今仍然普遍。

圖 1.1　一群被普遍稱為沙蜂的 *Bembix* 屬胡蜂。每隻雌性沙蜂都會挖掘自己的巢穴，並捕捉獵物餵養正在成長的雛蜂。James H. Emerton 繪製，George Peckham 和 Elizabeth Peckham 的著作《蜂：獨行與群居》（*Wasps: Solitary and Social*，1905 年）。

就在我眼前，我仔細端詳的這個小傢伙突然停止了挖掘，接著飛走了。我定睛一看後發現，一個小巢窩已經被牠挖到稍微露了一點出來，也不知道是牠的還是其他胡蜂的。我等了幾分鐘，不見牠飛回來。於是我伸出手來，自顧自地開始清理掉沙子，一條狀若筆桿般細、微微向下傾斜的孔穴露了出來。隨著我往下挖掘的時候，洞口的周邊開始向內坍塌，於是我插入一根乾草莖當作路引。在地表下幾英寸處，乾草莖和隧道都止於一個小土窟窿，裡頭藏著我期盼已久的東西：一隻蒼蠅屍體。牠既黑又不起眼，就像夏日窗檯邊會被隨手掃掉的東西。然而，這隻死掉的蒼蠅卻貼切地揭露了「胡蜂樣胡蜂」的特性：牠們是獵人，無休止地在天地間巡狩獵物，以供餵食牠們的幼蟲。而我眼前的這種泥壺蜂，被稱作「沙蜂」，以獵食蒼蠅為主，其他種泥壺蜂則不挑食，獵物範圍從蚜蟲、蝴蝶到蜘蛛都有。牠們用針螫來殺死或麻痺獵物，然後將獵物存放入窩巢——不論死活——供正在成長的幼蟲享用。這樣詭譎的戰術卻極度有效，是胡蜂一億五千年以來的基本策略。不過，證明更具成功的，卻是改變這生存之策。

從文學巨擘托爾斯泰到音樂巨星保羅麥卡尼，這些知名的素食主義者皆痛斥過屠宰場的存在，並大力推動素食生活所帶來的健康與環境效益。不過，在他們推廣素食運動的過程中，卻忽略了一個具有說服力的證據——蜂的故事。對於蜂來說，轉為素食不單單改變了牠們的生活模式，更是獨創了一個嶄新的生態習性。當最先出現的遠古蜂決定由動物肢節改變為以花朵作為食物來源時，牠們開拓出一個持續擴展且大致未被開發的資源領域，而且極其方便。相較於胡蜂需要先找到一種食物餵飽自己，再另尋不同的食物來餵養後代，蜂則享有「一站式購物」買好買全的優勢。[2]一朵好花可以提供糖分豐富的花蜜，讓牠們能自個果腹，還有富含高蛋白的花粉，供牠們帶回巢穴餵養幼蟲。再者，相對於捕捉難以應付，甚至還危險重重的蒼蠅、蜘蛛，和其他詭詐的獵物，花兒可是乖乖靜止不動，最終甚至還以誘人的色香，大作廣告宣傳自身位置。雖然胡蜂轉化為蜂的確切過程和時間仍有待討論，但無人能否認這轉型帶來的極大成功。如今，蜂的數量，可是以幾近三比一的態勢，大勝牠們的親屬胡蜂。[3]

在仔細地把挖掘的孔穴填回之後，我留下泥壺蜂，重返我的蝴蝶調查工作。我在花海燦爛的斜坡上——金黃的油菜花、絳紅的酢醬草，與姹紫的羽扇豆與苜蓿花——度過了餘下的午後時光。置身於這如此盛放的花團錦簇裡，尋找花朵來獲得營養似是再自然不過的事情。然而，在蜂演化的那個大地，這絕對是既冒險又具有開創性的適應。我們總是會在提及白堊紀時想到恐龍，但爬蟲類的繁盛絕不是那個紀元和我們這個紀元的唯一差異。當第一隻蜂以花粉餵養其幼蟲時，牠所處的天地並不似我們習以為常的遍地野花；當時的花朵，還在逐步演化出花瓣、花色等讓花堪稱為花的特徵。藉由化石，我們得知早期的花朵嬌小而不起眼，在以針葉樹、蕨狀種子植物以及蘇鐵主導的植物相裡，它們只扮演著微不足道的角色。想要在脈絡裡理解蜂的演化，我們需要清晰地描繪出那個時代的世界，但大多數重建那個時期的作品都將焦點放在了大型蜥蜴上，而非植被。在恐龍的書裡，即便我略過咆哮的猛獸不看，我還是無法在書裡找到些什麼看起來像花的東西，更別說一隻蜂了。

在努力想像蜂從「何處」演化而來的時候，我立即想到另一個問題：蜂是「如何」演化出來的呢？如果當時的花朵，確實嬌小且稀少，那麼為什麼始祖蜂會去尋

圖 1.2　若我們將目光從這些搏鬥中的恐龍身上移開，這個場景展現了典型的白堊紀中期景象——滿布苔蘚和蕨類的森林，而視線所及，並未見到花朵或蜂的身影。這幅插圖出自艾鐸．里歐的筆下，收錄於他的作品《洪水前的世界》（*The World Before the Deluge*，1865 年）。

找、還能找到它們呢？是什麼樣的契機促發了這項至關重要的素食轉變？最初的蜂又是長什麼模樣？從胡蜂演變為蜂又需要花費多長的時間呢？每當這類關於昆蟲演化的問題湧現時，我發現打一通電話給某人往往挺有幫助——那個人可是貨真價實地寫了一本這主題的書呢。

「這可是一個讓人驚嘆卻鮮為人知的故事；我們手頭的數據並不多。」當我問起恩格爾關於蜂族演化的問題時，他這麼回答。他接著又說，「恕我直言，留下來的化石紀錄實在是少得可憐。」

當恩格爾跟我通話的時候，人正在堪薩斯大學一間倉庫內的辦公室。在二〇〇六年，學校認為五百萬份的昆蟲針插標本居然耗用校園裡一整棟宏偉舊建築，實在太占空間，於是決定將昆蟲館藏（連帶其資深館長）一起搬遷到那個倉庫。他接起電話的時候，只簡短的說了一聲「我恩格爾」，聽起來像是雖疲於應付這類打斷，但也習慣了。這也難怪。除了館長職責，他還領有兩所大學的教授職位，與美國自然史博物館有合作研究，並在九家專業期刊中擔任編輯。他的學術發表囊括了超過六百五十多篇經過同儕審查的論文，以及一本與人合著、讓我按名索驥找到他的權威著作《昆蟲的演化》。而在這囊括甚廣的課題中，蜂是他特別專精的領域。當我提醒他我致電的原因，他的語調立刻明快起來，所有其他的公務似乎都被他拋到了腦後。我們可聊了將近兩個小時。

「要找到最早的『原型蜂』，你必須回到一億兩千五百萬年前。」恩格爾解釋道。然而不幸的是，最古老且無庸置疑的蜂化石紀錄，也只能追溯到五千五百萬年前，這使得蜂族演化的故事中間留下了一段巨大的空白。[4]樂觀來看，這樣明顯的證據缺乏至少可以透露出一些線索，告訴我們蜂是在「哪裡」演化而來。因為，當化石特別稀少的時候，通常伴有一個絕佳理由。

「最早的蜂最可能出現的地點，卻很可能是化石形成最困難的地域。」恩格爾這麼說。多條線索都暗示，蜂還有早期的花，其演化環境可能既乾燥又炎熱。即便是今日，生物多樣性極高的潮濕熱帶並不是蜂族群聚最豐富的地區，反而是如地中海盆地、美國西南部這類乾燥區域。而白堊紀的大部分地貌可能就像這樣。不過，對於這些地方，或是哪種生物在那裡過活，我們所知甚少，因為化石形成所需要的元素恰恰是這些地區所欠缺的：水。要形成化石，動物體或是植物通常需要被沉積物迅速覆蓋，而且最好還是在一個氧氣稀薄的地方，這樣生物體才不會迅速腐爛。這樣的環境條件主要出現在水底：沼澤底、湖底、河床和淺海的底部。這也意味著我們對於遠古的印象，還有我們對其研究的能力，受到古生物學家稱之為「保存偏誤」的影響。我們對於潮濕棲地的植物相與動物相有更深的了解，因為這些大多是能夠變成化石的東西。雖然事有例外——在乾燥地區若發生暴雨成洪或是火山活動，也可能促使化石生成——但即便如此，要透過這些來釐清蜂之起源，仍舊困難重重。

「這的確是個難解的困局。」恩格爾向我表示。「你試圖找到具有蜂特徵的化石，但假如真被你找到了，那麼這化石就已經是蜂了！你仍然無法知道胡蜂是如何轉變成蜂的。無論哪種狀況，你都無計可施。」

而這難處，正跟蜂之所以為蜂的天性有關：吃素。以花粉為食是一種行為，而非生理特徵，但行為模式卻難以被好好留在化石裡。實質上證明其新膳食形態的證據，都是在這轉變發生之後才出現的：像是能幫助採集與攜帶花粉的獨特絨毛和其他表徵。（身為一個蓄長髮、鍾情於花的素食主義者，蜂可是一直被戲稱為「嬉皮胡蜂」；這綽號其實取得不壞，是個不錯的方式來記住牠們的關鍵演化特徵！）不過，若憑貌而辨，最早的蜂肯定跟牠們的胡蜂親戚看起來很像，並且這樣的外表很可能保持了一段時間；也或許牠們本來將花粉儲存於胃裡，然後在蜂巢內反芻再嘔吐出來，就像現在有些蜂仍然這樣做。[5]這也意味著很難有人能找到那「第一隻蜂」、（就算碰巧挖到寶，他們也可能認不出來）。

「若是想得到確鑿的證據，你得找到一個化石蜂巢。」恩格爾沉思道。這個化石蜂巢內需要有花粉，並且最好還有蜂媽媽在哺餵幼蟲的瞬間被化石保存下來。「如果真的有人找到這樣的化石，」他笑著補充道：「我會拿出我所有的積蓄，買張機票，不論那個人在世界上的哪個角落，我都會立刻飛過去先睹為快！」

我們聊著聊著，可以明顯感覺到恩格爾身為一個科學家對真憑實據的熱情。他堅持要明確區分以證據為基礎的觀點，和基於推測的觀點。蜂是白堊紀中期一種獵食泥壺蜂遠祖的素食後裔，這點是毫無疑問的。在這一點達成共識之後，他樂於和我一起跨過那條畫分出事實與推測的界線，樂於探索那充滿了「也許」、「假如」、「搞不好」的世界。若說到探索蜂的早期演化過程的各種可能性，我想不到比恩格爾更適合領人入門的嚮導了。他自嘲地說：「我是少數願意浪費大把時間在這上面的人。」雖然用浪費來形容恩格爾幾可等身的著作有點不太貼切。二〇〇九年時，林奈學會頒予他兩百年紀念勳章，這對於四十歲以下的生物學家來說是最高榮譽。然而，要不是恩格爾大四時一個機緣下所做的決定，或許他畢生都不會對蜂認真瞧上一眼。

「我不是個愛蟲成痴的孩子。」他回憶說，儘管他對於細節的觀察力一直像火眼金睛一樣銳利。他喜歡畫細小的物體，他母親也因為他對價格不菲的極細筆的偏愛而感到困擾，但要有這些極細筆，才能讓他精確地描繪出每一個細微的特徵。後來，他原本打定主意要在堪薩斯大學選修醫學預科學程，但當時一個化學教授建議他榮譽論文做點不一樣的事。「教授跟我說，這樣有助於我的醫學院申請在眾多申請者中脫穎而出。」恩格爾解釋道。在他指導老師的建議下，他走進了查理・米契納的實驗室，而米契納是一位蜂類研究的傳奇人物*。從那以後，恩格爾就永遠留在了這個領域。蜂類分類學的世界完全符合他對把事情從細微處做好的狂熱，而且，對於解決棘手演化之謎的挑戰，他可是樂此不疲。當我詢問他的研究策略時，他如此描述：「如果有個東西沒人要研究，那我就想去研究那個。」當他聽說一位備受崇敬的昆蟲學家輕蔑地將整個昆蟲化石紀錄認定為「沒啥大用」，他那種離經叛道的思維，就讓他一股腦栽進了這個冷門的研究領域，研究初始蜂和整體昆蟲的演化。在完成康乃爾大學的博士學位和在美國自然史博物館的工作後，他又重回到了堪薩斯大學，當查理・米契納的欽點接班人：延續這個打從一九四〇年代開始的蜂學研究。他發表的論文包羅萬象：從彈尾蟲、螞蟻，到白蟻、蜘蛛，甚至是書蝨，但是蜂與蜂族演化依然是他的研究重點。就算我說恩格爾察勘過——與深思過——的蜂化石比任何人都多，這句話大概也是八九不離十吧。

「我最心儀的假設，」仍處在暢想模式裡的他跟我說著，「是胡蜂自己先開始攝取花蜜，大快朵頤之際不小心沾得渾身花粉，然後再把花粉帶回巢裡。」牠們也可能是先開始在花上捕獵，可能是飛蠅或是其他種昆蟲，這些獵物的身上可能帶有花粉，或是獵物本身正在食用花粉。不論哪種情況，

＊ 在本書裡，查理・米契納的名字和他的學術成果將一再地被提及。在他長達八十年的科學研究生涯中，這位被親切地稱為「米契」的學者，奠定了自己在蜂類研究領域的權威地位。他的著作《世界的蜂》和《蜜蜂的社會行為》至今仍被視為開創了此領域的經典著作，他孕育了許多頂尖科學家，包括恩格爾和眾多蜂類專家，以及知名的生態學家埃爾利希。

一旦花粉開始被規律地帶回蜂巢，胡蜂的幼蟲就有機會把花粉連同「肉餐」一起吞下肚。而一旦這原本純屬意外的送餐模式變成有意為之，要全然以花粉為食的趨勢——以恩格爾原話來說——就變得勢不可擋了。

他指出：「突然間，任何在花朵上流連忘返的雌蜂，就可以輕易躲過四伏的危機。」並強調，比起處處是風險的獵食，以採集花粉維生的方式要安全許多。「獵食本身就像是高風險的賭局。獵物本身會反抗，而如果你不小心在翅膀上撕裂了一道傷口，或是傷了口器，那你也就大難臨頭了。」於是，天擇將立即偏愛那些採蜜維生者，牠們以和為貴的生活形態也會讓牠們既活得久，又能產出更多子代。「等你回過神來，」他接著說道，「已經演化出一隻蜂了。」

恩格爾的這種假設，對於從胡蜂轉變為蜂的過程，提供了一個強而有力且十分直觀的設想，不過，對於後續的發展，他則更持保留的態度。學者專家普遍認同現代蜂的解剖學特徵——畢竟，就連最神祕的蜂種，牠們的翅脈紋路也都帶著同類特徵，並且至少長了幾根用於運輸花粉的羽狀毛。但是，最古老的已知蜂化石已經具備這些特徵，而更古老的化石卻仍付之闕如，使我們無法確定這些特徵究竟是何時以及為何演化出來。恩格爾指出，就連那些「很蜂」的羽狀絨毛起源都還不清楚。那些羽狀絨毛最先演化出來的時候，或許是為了能夠「保溫」飛行肌肉的溫度；也有可能是為了減少呼吸氣孔周遭的水分散失（如果蜂真的在「轉大人」那些年裡都待在沙漠裡的話）。但除非真的有人找到了恩格爾夢寐以求的完美化石，再多加上幾隻遠古蜂來銜接那段資訊空窗期，否則這些大哉問仍會懸而未決。幸運的是，我們並不需要找出每個特徵的起源，也能掌握蜂的演化要義。當蜂一旦在化石裡現跡，他們已然明確地把牠們的胡蜂遠祖拋在了身後，自成一家，形成了一個既獨特、多樣又極為成功的群體。而且，就像要彌補早期不便似地，牠們以一種如此美麗的身型出現，以至於人們有時候會把牠們的造型當作飾品配戴。

和恩格爾一起共同撰寫《昆蟲的演化》的葛瑪迪曾體悟到，他的工作需要揮舞兩種截然不同的工具：一把捕蟲用的細緻網子，和一柄用以從化石中剝出昆蟲的堅固鋼鎚。不過，就算是用鋼鎚敲擊，也少不了細膩技巧，尤其是當化石被埋在琥珀中的時候。琥珀源自松柏類針葉樹或是其他樹脂豐富的樹木，當遠古森林遭洪水淹沒，或是因為其他原因導致林地被沉積物快速覆蓋，琥珀便在這些地方生成。這些化石化的樹脂色彩各異，從溫暖如其名的琥珀色，到奶油糖色、黃色、綠色，甚至是藍色，讓挖掘過程如同探尋彩繪玻璃。不同的是，玻璃的製成是為了讓人能透視遠處，而琥珀的獨特之處則在於讓人能飽覽內部可見的一切。樹脂最初的狀態黏答似軟泥，能將任何困於其中的生物一併保存，並隨著樹脂石化——這並不像一般岩類化石那樣呈現出扁塌的輪廓，而是展現出玲瓏有致的立體

圖 1.3　琥珀中的蜂化石給我們提供了機會，以精緻的細節一窺已滅絕的種類。這隻隧蜂（*Oligochlora semirugosa*，上圖）的化石展現出清晰可見的翅脈、腿毛和觸角，而這隻無針蜂（*Proplebeia dominicana*，下圖）的化石則保存了其後腿上整齊的樹脂球，該樹脂球是用來建造巢穴的。這兩個化石樣本都來源於多明尼加共和國的沉積層，並且估計其年代約在一千五百萬至兩千五百萬年前。上圖由恩格爾提供，並透過維基媒體共享；下圖則由奧勒岡州立大學提供。

全像。[6]就連細微的特徵，常也能清晰地呈現出來。有個例子頗為著名，一隻白堊紀吸血維生的白蛉被極好地保存在琥珀裡，就連牠腹中的爬蟲類血液細胞，都能和病原菌一起被檢驗出來，證實恐龍也跟人類和現代生物一樣，會被昆蟲媒介疾病所擾。[7]

琥珀提供了蜂的完美保存媒介，能夠保存所有跟採集花粉生活形態相關的精細解剖細節（有時候，甚至連花粉都被一同保存下來）。就算在照片裡，這些化石看起來都令人屏息地栩栩如生又美麗，在其半透明的墓塚裡閃閃發亮。最久遠的一件化石出土自紐澤西州一處滿是開花植物的沉積岩，年代可追溯回六千五百萬到七千萬年前。那隻蜂孤身躺在淡黃色的琥珀中，是一隻雌性工蜂，和現今在熱帶常見的無針蜂種幾無區別。單憑這些從一塊標本中得到的基本事實，就足以顯示出蜂經歷了多大的演化過程。無針蜂能夠製造蜂蜜、構築蜂巢，並具有複雜的社會結構，這些都是在更原始、獨居的蜂種發展完全之後才演化出來的。畢竟，要能找到足夠的花粉與花蜜，來支撐成千上百的工蜂蜂群，必須那時的植物相早就適應了蜂的存在。附近的植物化石（有個年代更久遠的森林）正證實了這點。這些化石包括了古遠石楠灌叢，其花粉團塊適合毛茸茸的昆蟲傳播；還有一種開花植物書帶木屬的近親，似乎也開始在其花中製造樹脂。這種習性被認為是專門針對高度特化的蜂設計的獎勵，好讓蜂可以收集樹脂去建造巢穴。[8]總括而言，紐澤西州的化石證據證明了從第一隻蜂到第一塊蜂化石，

我的琥珀收藏如今在我辦公室窗邊的書架上，那裡我也擺著一些其他化石選品——石炭紀的葉片與種籽——還有一隻始祖鳥的複製品（第一隻鳥！）。但我一次又一次地回到那堆琥珀旁邊，再次磨光、搜尋，特別是當我注意到恩格爾某張科學示意圖上標注的比例尺後。諾亞和我原本期待找到一些明顯的東西，像隻熊蜂那樣，但波羅的海的標本卻大多非常小且不顯眼，身長不到一英寸的四分之一（小於六點五公釐）。許多現代的蜂也這般小，讓我懷疑我是否真能認出停在花上的蜂，更遑論被困在樹脂化石裡的了。為了能夠真正理解蜂的多樣性，從牠們尺寸、形態到顏色的種種變化，我需要的不只是一把捕蟲網與一疊書。我需要一個好嚮導。而天從人願，每年都會在窮鄉僻壤裡的一處田野觀察站進行這樣的一場導覽，而該處地景——如果恩格爾的第六感是對的話——看起來和蜂從哪裡現蹤的故事起源地，相差無幾。

第二章　活色生香的抖音家

「不知其名者，不知其所以然也。」[1]

——林奈《植物評論》一七三七年

「誰也說不準蜜蜂事。」

——米恩《小熊維尼》一九二六年

沙徑上，兩輛黑得晶亮的休旅車轟隆隆地朝我們駛來，沿途揚起的沙塵浮滾在乾燥的沙漠空氣裡。休旅車慢慢停了下來，引擎怠速，而即使隔著貼了黑色隔熱紙的車窗，仍然可以感受到車裡頭人的視線，牢牢地盯著我們。

「啊，別管他們。」洛曾嘴上說得歡快，朝著沒露臉的神祕訪客方向隨手一揮。洛曾在亞利桑那州南邊進行田野調查已有數十載，早對美國邊境巡防隊的不期而訪見怪不怪。墨西哥離這南境不過八百公尺遠，美墨兩國之間只橫亙了這塊在八月暑氣蒸騰的平莽地。不過，今天在那塊地上走動的人影，沒有打算要穿越美墨疆界。相反地，這群人在灌木叢與仙人掌間穿梭著、舞著捕蟲網，只要一看到寶，就叫同伴來看。我好想立刻加入他們，不過，當務之急是好好跟眼前這位大師學習如何捕捉蜜蜂。

洛曾教導道：「你先把捕蟲網在花叢的正上方揮一揮」，一邊示範著左右揮舞捕蟲網的正確技巧。不出一會兒，細網袋裡已滿是嗡嗚難耐的憤怒昆蟲。「然後，你就能夠瞧瞧到底抓到了些什麼啦。」洛曾嘴上說得輕鬆，手腕一轉就把捕蟲網攏在了頭上。

我不知道那兩輛休旅車裡的人彼此間咕噥了什麼，不過，他們不約而同地發動了車子，疾駛而去。很顯然，邊境巡防隊已認證，我們比較像是自己找死，對國家邊境安全構不成威脅。

「蜜蜂永遠都朝著亮的地方飛。」洛曾的頭半埋在網裡，提高了音量說著。之後，他又改口說是「幾乎可以算是永遠」，並承認有時候，自己也難保不會在兩眼中間，被蜜蜂螫上一叮。好在今天的昆蟲們很合作，當洛曾把網子一角提起來朝向太陽的時候，昆蟲們紛紛攀著網往上爬，遠離他的臉。而這，正巧給洛曾一個機會，手拿了一個小玻璃瓶，探入網裡一撈，就把中意的蜜蜂給挑了出來。「有什麼想問的嗎？」洛曾把捕蟲網從頭上拿了下來，再反手一轉就把剩下的蟲兒全放了。

接下來的日子裡，人人都有問題想問洛曾。但這也正是醉翁之意，是大家遠從日本、以色列、瑞典、希臘甚至埃及，來參加「野蜂研習營」的心之所向。研習營提供了一個難得的機會，讓學員可以向北美首屈一指的專家討教，既溫故知新蜜蜂生物學，又能拓展人脈、酬酢社交。洛曾曾任職於史密森尼科學博物館，繼而又在美國自然歷史博物館工作了過半世紀（年資仍在累積中！），每逢有蜜蜂展，他定是策展人的不二人選。如今，洛曾年過八旬，卻仍朗健且優雅自持，不論是整裝去田野調查，或是傍晚去研究站門廊邊小酌一杯琴通寧，都盡是一副老派博物學家的打扮。洛曾自己專精於難尋的獨居蜂築巢習性，而像授粉生態、遺傳學與分類學，也由研習營裡的其他講師，各自貢獻專業所長。不過，「野蜂研習營」的課程目標，聚焦在更為基礎的技能：讓學員學會分辨各種蜂類之間的不同。而且，地球上少有其他地方，能夠比美國國境西南的這片沙漠，要更適合委此重任了。

我當初看到申請表時，一度認為一定是打錯字了。亞利桑那州的八月天？誰會想要在一整年裡最酷熱的時節，來去那片沙漠呢？但「野蜂研習營」的課程，甚少考量到人類的舒適。對蜜蜂來說，那熱浪，可是完美地適合飛行：受到夏末年度陣雨的滋潤，仙人掌與野花滿地盛開。這樣的組合，天造地設了蜜蜂的理想棲地——原本的乾瘠之壤在這時節滿是花粉與花蜜，蜂巢之選俯拾即是，喜愛挖地的蜂種有闊地與河緣凹岸可選，其他種蜜蜂也能在植物空幹、岩石裂縫與鼠輩巢穴裡各尋所好。在一

圖 2.1.　在這張照片中，一隻 *Perdita* 屬的微小金色蜜蜂停棲在 *Xylocopa* 屬木蜂巨大黑色頭上。這兩種蜜蜂都出現在亞利桑那州，突顯了美國西南部沙漠中發現蜂種的驚人多樣性。（比例尺 =1 毫米）Photo © Stephen Buchmann.

年剩下的日子裡，雨跡疏落，蜂巢極少受水淹之苦，也不用擔心天氣潮濕所致的花粉壞敗、真菌感染。這些條件所成就的蜂群萬種，多到讓研習營的我們只要隨手一揮捕蟲網，就有可能捉到世界廣認七大蜜蜂科裡其中六科、超過六十種不同屬的蜂種之一（各蜜蜂科的簡圖詳見附錄A）。至今，在亞利桑那州，研究人員已經辨識出超過一千三百種不同的蜂種，蜜蜂族群的多樣性在美洲大陸無處可及。很快地，我們在研習營裡的日子有了習慣的日常：上課、野外採集，然後耗在研究室裡日沒夜準備標本、鑑定蜂種。藉由洛曾與其他人的相助，我開始能辨識幾個主要的蜂族：在腦袋裡，我能區分身軀平滑、墨黑的木蜂，與毛茸茸的熊蜂；也能區分細竹竿般的礦蜂、斑斕幻色的隧蜂與結實精幹的切葉蜂。回想起研習營的第一天，當我們全員到齊聆聽夜間課時，想到要學成一眼識蜂，根本是不可能的任務。

「錯！這不是蜂！」勞倫斯歡快地扯大嗓門，邊閃進了下一張投影片。他用一張又一張像胡蜂的蜜蜂、像蜜蜂的胡蜂或是其他幾可亂真的近似物種圖片，挑戰著我們全體組員辨識蜂種的能力。這些照片可是採自他長年研究這些微小、謎樣生物的經驗。勞倫斯不是要打擊我們的信心，而是希望我們對學習辨識蜂種的技能，有更全面性的整體理解。對於有些蜜蜂，要知道其確切的蜂種，需仰賴耐勞又不厭煩的解剖、高解析度顯微鏡與多年的實作經驗。但派克勞保證，十天之後，我們至少能夠掌握廣義的蜂科、蜂屬分類。而且，既然種緣相近的蜂族在行為與某些外觀上都能找到共通點，我們所學得的技能不論走到哪裡去，都能夠幫助我們概括出當地的蜜蜂習性與蜂種多樣性。但，即便如此，當派克勞秀出來的照片難倒我們的時候，尤其是當他也矇住研習營裡其他講師的時候，他更是得意地滿面春風。

這種反應也是恰如其分。若說洛曾是「野蜂研習營」裡的耆老領袖，那派克勞便是此地的尋釁反骨。身長超過六英尺半，身穿他去中東探察勘訪時所購得的飄然棉質長袍，不論在講台前還是野外，他都自帶霸氣。他的看法也是霸氣外露的，但他總能佐以極大的耐心——對蜂如是、對我們這些撞牆期的徒兒亦然。隔天，我跟著他去採集，我們在小徑上健步如飛，差不多就像他說話之勢。不過，每當我們停下來探索一畦花叢時，他也真情流露、迫不及待想要檢視我的收獲。

「呃，你不需要留著這幾隻。」在某處停步時，他一邊神速地把三隻蜜蜂從我的「蜂獲」裡分抓出來丟在一旁，一邊說著。派克勞的學術生涯都待在加拿大多倫多的約克大學，但他說話的時候，仍帶著母語英格蘭腔輕快的抑揚頓挫。透過講座、著書，與大量的科學論文，他做研究的慎小謹微，加上對原生地蜂群的熱血維護，使他聲名鵲起。自派克勞那邊，我學到了一個新詞「蜂學家」，是希臘文裡「研究蜂的科學家」之意。不過，他可是把那些研究蜜蜂（乃一被馴化的物種）的人，之於那些在野外研究蜂的人，判若兩路人。「這也不是說我不喜歡*Apis mellifera*。」他在他校內網頁上解釋著，直喚了西方蜜蜂的學名。不過，當旁人詢問他關於蜜蜂的問題時，他總是強調，這像是「向鳥類學家請教跟雞有關的問題。」[2]

而我在「野蜂研習營」裡遇到的每個人，似乎也都跟派克勞有一樣的心結。只要一提到有關蜜蜂的話題——而且這總是發生——大家說起蜜蜂，就像舞台演員聊起好萊塢明星，心知肚明不論他們再懸樑刺股，也無法得到同樣的美名。儘管野生蜂有豐富的多樣性與重要性，蜂山蜂海的野生蜂，還是被僅只一脈，卻較為人所知的表親奪去牠們的光彩。對研究野生蜂的人來說，這景況有時候也讓人洩氣。畢竟，除了在非洲、歐洲與西亞的原生地之外，蜜蜂多半時候是以侵略者的姿態，強壓住其他原生種，甚至引進新型疾病。但是，就像是舞台演員仍然享受出門看電影，蜂學家也依然欣賞、留意著蜜蜂。許多野生蜂專家亦是活躍的養蜂人，我甚至曾無意間聽到關於哪種花蜜能產出最好吃蜂蜜的滔滔長辯。（受歡迎的選項包括了咖啡花、薊葉矢車菊，還有如馬鬱蘭、百里香、迷迭香的香草。）蜜蜂也是極佳的實驗動物主角，目前在蜂的解剖學、生理學、認知、記憶、飛行動力學與進階社會行為上的所知，泰半都是因為牠們，而讓我們在知識上得以受惠。所以，雖然牠們可能是蜂界裡的弱雞，但這些勤勞做工的馴養小寵物，絕對也是靠努力才贏得了如今讓人刮目相看的地位。如勞倫斯一般的本土蜂擁戴者，也只是單純希冀，大眾可以把蜜蜂看成是引路人，帶大眾認識蜂的多樣性，而非替代品。

就我個人而言，每當我在「野蜂研習營」裡捕捉到西方蜜蜂，是心懷感謝的。單憑牠們毛茸茸的眼球，看著牠們在我捕蟲網裡，我就心花朵朵。雖然學者對於絨毛的功能（甚至是到底有沒有絨毛），各家意見仍莫衷一是，但蜜蜂屬的成員卻是少數幾種得天獨「毛厚」的蜂種——況且，蜜蜂還是北美洲大陸上，碩果僅存的蜜蜂屬成員。[3]我學會如何一眼就能認出那絨毛，然後不做二想的，放飛那嗡聲作響的絨毛主人。畢竟這可意味著回到研究室後，需要分類的樣品少了，而且同等重要的是，需要殺掉的蜂也少了。不論蜂學家對於蜂作為一研究主體有多喜愛，都得忍受充滿諷刺感的前置作業：研究工作經常始於氰化鉀的苦杏仁味，或是揮發氣體對眼睛極具刺激而讓人淚眼汪汪的乙酸乙酯。[4]殺蟲瓶裡很快便會蜂屍堆垛，這些屍體需要接著用昆蟲針固定、乾燥，小心地把翅膀與足腳分開，讓所有特徵都一覽無遺，好準確辨識。

在開始前，我早已胸有成竹。我理解科學採集的必然與重要，也知曉絕大多數的昆蟲族群在失去些微個體之後，都能迅速地恢復族群大小。但這並不意味著我喜歡做這些事。對於因應研究所需而被我採集來的生物體，就算只是植物，都讓我倍感錐心。內心如此柔軟，若生在古早時候，是會掣肘職涯發展的。當達爾文跟著小獵犬號出航，他送回家了超過八千件標本樣品，從梨果仙人掌到「浸漬」蜂鳥，種類繁多，應有盡有。[5]華萊士在馬來西亞、印尼與新幾內亞更是大有斬獲，收集的「自然史標本」高達十二萬五千件。[6]現代生物學家則傾向較為節制、取之有度的手段，取樣方法誠實地以「非侵入性」為規，或者是更理想的「亞致死性」。不過，對於那些需多加揣摩才能辨認出來的樣本，將之帶回研究室仍有其必要。我發現如果假裝是在釣魚，心裡頭會好過點，並且在開始每趟採集時，腦海裡先有一個特定的假想獵物。研習營進行到一半的某天下午，我滿心想要抓住的是：「飛翔的珍珠」。

我最先注意到那隻蜂時，牠正在珊瑚粉色仙人掌花上盤旋。但我揮網揮歪了，捕蟲網纏在仙人掌針刺間。那是一株筒形仙人掌，有著彎彎、像匕首般鋒利的鉤，要把纏住的網解開著實費了我好大一番功夫。巧的是，這停滯反而讓我有機會能在那隻蜂（或是另一隻）短暫停落於附近一朵花上時，再瞧一眼。那隻蜂移動神速，眼型細窄狹長，頭色深，錐狀腹部的條紋豔麗耀目讓我找不太到形容詞。接下來的一個小時我全耗在這周遭，但每次的網捕都毫無所獲。我抓到其他飛物，但我的夢中情「蜂」永遠都捕獲不到。最後我到陰影處歇口氣；放下捕蟲網，我拿起水壺狠灌。一仰頭，就瞥見眼角餘光裡的熟悉身影。這不就是那隻蜂嗎！牠沉靜地在我的捕蟲網網緣上，喘著自己的那口氣。我拿起殺蟲瓶直取，栓好蓋子：感念這命中注定，這次捕獵，終有賞金入袋。

那天傍晚在研究室裡，我辛苦而來的獎勵傲視研究桌上其他標本。近距離觀察時，我發現牠身上的條紋並不單是珍珠光澤，而是蛋白乳光色，閃爍著彩虹般的七彩，在光照下炫眼耀目。這些條紋看起來像寶石，是因為生成和蛋白石如出一轍：不是藉著色素，而是透過結構。當光線照射到蛋白石表面時，會透過玻璃似的二氧化矽晶格而被繞射又散射，光線因此而彎曲、被分散為不同的波長，被我們肉眼所接收成不同顏色。當我們對光波的相對位置有了改變，顏色便會跟著變幻，這也是為什麼任何一個好的珠寶家，在展示蛋白石時都會將它左傾右晃，好秀給你看蛋白石的繽爛璀璨。值得一提的是，那隻蜂的身體，也發生著類似的事：將光散射，但卻非透過二氧化矽，而是牠外骨骼的主要組成、半透明幾丁質的晶格結構。[7]因之而生的色相，從紫色漸進為藍，到綠松石色（接近蒂芙尼藍），接著又延續為綠色、黃色、橘色，整束光彩裡的漸層，美得讓沒有任何一種顏色找得到邊界。就算將之放大檢視，那些條紋也都朦朧地發光，表面無所定形，像是這隻蜂是由光本身捏成的。

令人開心的是，蛋白石色幾丁質的演化，就跟毛茸眼球一樣稀奇罕有，讓我的蜂滿簡單就能辨認出來。這特性只有在鹼蜂身上才有，是一種習慣集體在鹽田、乾涸湖底的礦化土壤上築巢，而得名的蜂。其屬名「彩帶蜂屬」，典故出自一個擅於誘惑希臘牧羊人的美麗山中仙女。我倒能感同身受。

即便我對各式各樣的蜂都培養出了極端好感，那隻彩帶蜂，可是讓我墜入愛河的初戀。就算我之後遇到了虹彩般綠色與藍色的蜂、亮眼豔紅的蜂，還有布滿雪白絨毛的蜂，我還是認為彩帶蜂屬的蜂是最美的。（不過，我的愛忠貞不渝或許是件好事。傳說裡，曾有個牧羊人因為眼神與心思猶疑了下，就被山中仙女弄瞎了。）[8]在「野蜂研習營」裡時，我不曾想過有天我會身處百萬隻鹼蜂蜂鳴中（在第五章時，我們會聊到）。相反地，我帶著我唯一的珍貴寶貝標本回家，在接下來幾年裡，時不時地拿出來把玩讚嘆，次數頻繁到牠的頭終至掉了下來，得萬般火急地用牛頭牌膠水將之修復。牠依然是我心目中蜂之精華，是那種每當我研讀蜂生物學的時候，我都會把書中的要點一一與牠對照。所以，這章節接下來要導覽蜂之解剖學，有什麼比牠還更能勝任、作為範例的呢？

對於我們這些習慣以四肢、內骨骼俯仰於世的生物來說，蜂的身體似是絕對陌生的。但牠們的身體架構卻仍有著精巧的邏輯，每一小塊都自有其用，也闡明了為何牠們在自然界裡，能夠異軍突起、如此成功。像所有的昆蟲一樣，一隻蜂由三個基本部分組成：頭部、胸部與腹部。[9]頭部是為了感知外部世界、有所互動。這部分包含了眼睛、觸角、口器等，任何蜂需賴以而看、聞、導航、進食，與拾拿物件所需（像是花粉與築巢用材料）。在頭之後，便是胸了，是移行運動的中心所在。把這部分想像成一個大而鎧裝的肌肉，綴以銜接點，好接上飛行與爬行所不可或缺的工具，翅膀與腳。

自胸部起，蜂的身體在到達腹部之前，會於腰處短暫收緊；而腹部這區塊，在我的鹼蜂上，正是那好美麗花紋所在。腹部這裡，存擺著野獸肚腸——所有為消化、呼吸、生殖與血液循環所需的器官和「管線」。至少自亞里斯多德起，科學家就開始用手戳、用尖物戳或用類似行徑研究蜂體各部位。亞里斯多德在觀察之後總結：「蜂的翅膀如果被拔掉，就再也長不出來了。」[10]雖然很多書都是在講蜂這個主題，但如下的簡短描述與故事，仍一字千金揭示蜜蜂是如何生活、工作、感知著牠們的世界。

我的鹼蜂的頭部，不論大小與形狀，

圖 2.2.　我的典型物種，可愛的鹼蜂（*Nomia melanderi*）。Photo © Jim Cane.

都酷似一粒丁點大的黑色金麥豌豆，不過，這可是一粒在兩眼之間，裝了兩根顯眼觸角的金麥豌豆。觸角向上拔升，也可以向後拱起。若延續希臘神話阿卡迪亞仙女與牧羊人的主題，那觸角看起來就像是一對由平滑烏木的樹瘤所拼接出來的袖珍牧羊人用鉤。在蜂所有的身體部位，觸角可能是讓人最不熟悉的，畢竟，我們毫無可與之比擬的器官。小孩常說那是「探測器」，而這稱號還不賴，畢竟，它也的確是全然用以「感覺」的。想像你的鼻子擱在一根細長但靈活的柄上，同時還兼具味蕾、耳膜與比手指尖還敏感的皮膚觸覺功能。這才是稍稍堪可比擬蜂觸角的東西。蜂的觸角同時具有七種截然不同的感覺器官構造，每一個都專責於一種特定的環境刺激。嗅覺牽涉到顯微嗅窩與小孔，這些微構造不斷地從周遭空氣裡收集樣本，讓蜂能自昆蟲學家所謂「氣味風暴」裡，梳理出有用線索。[11]在蜜蜂的世界裡，化學物質所傳遞的訊號包辦了小至潛在食物、大至潛在配偶的所有事，把拂過的微風編織為訊息的錦緞。像葡萄酒鑑賞家品味酒香，蜂也能輕易抽絲剝繭出微妙的費洛蒙，或是注意到葉香、木香、土香與水香的變化，時時刻刻都在偵防天敵，或者搜羅是否有芬香自遠花來。觸角也能處理聲音、震動之訊息，並且在味覺裡扮演著至關重要的角色。觸角覆蓋著極其纖柔的絨毛，並長滿細小的柄桿，能對溫度、濕度與氣流的改變有所反應，而觸角尖端則能夠區別從玫瑰、紫苑到飛燕草等，各自迥異獨具的花瓣質地。而在蜂築巢的暗處，觸角則是勝任導航與溝通的主要工具，幫助蜂找到路、找到同伴，並能夠透過氣味編碼的訊息，共享蜂巢工程的消息。

想當年，如果亞里斯多德是把觸角從蜂的頭上拔下來，而不是拔翅膀的話，他會發現這可憐的小東西一樣廢殘。他也會發現在科學路上，他好有伴。把蜂觸角修剪、移除或是藉其他方式把觸角弄東弄西的實驗很常見，而這些研究也不斷發掘出觸角新的感覺能力。研究如今顯示，觸角會影響蜂飛行時身體姿勢、感應地球磁場，還可以捕捉到花產生出來的靜電荷。兩根觸角之間的距離極短——我的鹼蜂標本，兩根觸角的距離短於一英寸的十六分之一（大概是兩公釐）——但這僅僅毫釐之差的距離，顯然已遠遠足夠讓蜂能夠嗅聞出左右兩邊、濃度高低的微妙差別，藉著這微小的感官梯度，蜂便能夠判斷某一氣味的來源方向。只要在空氣裡多加上一些些氣味分子，或者這邊或者那邊，蜂都會趨之若鶩；而這能耐讓蜂能夠依憑花兒的飄香，便直尋到遠在足足有不只半英里（約一公里）外的正主。[12, 13] 被捉住的蜂若失去了觸角，常顯得不知東南西北，並對一些日常技能，就算只是基本到在有角度的表面（像是花）降落，都力有未逮。[14] 雖然吾等非蜂，安知蜂之苦樂，但我們也確知，蜂要感知世界大抵要仰賴觸角。博物學者波特在一八八三年把熊蜂的觸角剪掉後，雖得證如此，卻也後悔莫及。他說，那隻熊蜂震驚不已、跌跌撞撞的迷惑樣態，讓他想起了曾見過的一頭「牛角遭受重擊」的公牛；他繼而結語道：「我想那隻蜂……，痛暈過去了。」[15]

我的鹼蜂，蜂逝久矣；當牠的頭掉下來時，理當是不痛了，故此，我藉機從牠腦後往頭殼裡窺去，希盼能一瞥蜂眼所見之世界。可嘆的是，整個內腔被乾燥組織與幾丁質骨架充填盈滿，阻斷了光，也讓那雙巨大、橢圓眼球所看出去的視野有著怎樣的光景依舊成謎。流言說蜂有五隻眼睛，但這種說法卻有點誤導人。蜂的另外三隻眼睛，稱作「單眼」，在頭部上方狀似玻璃彈珠般凸起來，但充其量不過是對光敏感的突起。單眼沒有能力能夠形成影像，故而在視覺上能參與的功能也頗為侷限：主要是追蹤光線強度與偏振的模式，好協助蜂導航，特別是在黃昏。[16]至於視覺，真正執行的關鍵發生在蜂那雙龐大的複眼裡：那既框住臉型，又幾乎占據了全臉的複眼。每一個複眼都具有超過六千個小眼，不斷地把各自觀察到的世界景貌傳送回腦，腦部再將所有的圖像拼組成一幅大而廣角的全象。不過，因為眼睛僵硬，能對焦的距離是固定的而且很短，以至於任何東西自遠處看起來，都像是像素太低般的模糊。舉凡花、窩洞、蜂夥伴與其他引起興趣的東西，都只有在幾公分的極近距離之內，才能夠對焦清楚。這近視眼視覺看似窒礙重重，但蜂輔以另一個感應物體移動的超級能力來補其不足。每一個小眼，都各自備有「硬體線路」，從水晶體連接到腦，而這也意味著，任何東西只要在蜂的視野裡移動了，不單只會活化一束視神經，而是會激發一連串許多條神經的反應，像是用指甲彈撥過豎琴琴弦那樣。就算是最小的移動，都能夠刺激數十個，甚至上百個小眼，而這些小眼都能從稍微不同的角度，捕捉到該移動物體的身影。這造就了蜂的「超級感知」，讓蜂能夠潛意識地計算物體移動的速度、距離與軌跡路徑，也解釋為什麼我的捕蟲網屢屢撲空。[17]（這也解釋了為什麼雄蜂的眼睛要大上許多，畢竟，其生活主要目標便是察覺飛行中適合的雌蜂，讓她當上他的新娘）。

對於人類眼睛（不論是我的或是任何人的），鹼蜂身上蛋白石光澤的條紋，散發著彩虹般的光彩。蜂也看得見彩虹；只是，牠們所見的彩虹，有所不同。大部分蜂可見的光始自橙光中偏黃階色調附近，到亮藍色區間為頂峰，然後接續到被稱作紫外光的短波長區。[18]雖然這讓蜂的色彩詞彙裡不見紅色與栗色，卻也打開了另一個充滿各種其他可能的世界。紫外光對我們來說主要是曬傷的來源，是一個必須用長袖上衣、厚塗防曬乳與遮陽帽來將之阻擋的東西。我們無法知道紫外光看起來如何，因為，哎，我們看不到。不過，配有特殊濾鏡的相機倒是可以告訴我們紫外光之光蹤何處，並揭露出那些大大寫在花瓣上的招蜂引蝶密語。例如，在我們眼裡，一朵蒲公英花不過是均一的黃色，但在蜂眼裡，卻是不一樣的面貌：花兒中心顏色濃郁又明曜，黃色色素和紫外線的結合，產生一種被稱作「蜂紫」的色調。研究至今所知的所有開花植物裡，有超過四分之一以上的花，可以見到這樣的組合，或許多其他類似的組合；至於蜂所造訪的花，這比例就顯著更高。[19]就像蒲公英的花瓣一樣，紫外光顏色在其他花上，常會製造出靶心樣圖紋，或是放射狀條紋；這些被稱作「花蜜引導」的圖樣，就像發著光的箭頭，為蜂指路，直指甜蜜蜜與花粉。那些圖案的模式也絕非偶然。蜂眼所見的世界，驅動程式就是時時刻刻都在搜尋可以養活牠們的花。不過，當牠們找到花之後，接下來發生的事，卻得仰賴身體其他部位了，而且，以口為始。

蜂的大顎和舌看起來極為機械化，像是要靠鑲齒榫頭與纜線才能運作而不是肌肉。這些構造的大小與形狀也極度因需求而定。例如，切葉蜂的大顎有著細而鋒利的牙齒，可以切剪綠色植物；而木蜂則擁有巨大研磨機似的大顎，好讓牠們能咬嚼木頭。蜜蜂的大顎則像是刮鏟抹刀，有著寬大而平扁的前端，好方便牠們塗抹、形塑蜂蠟。至於我的鹼蜂，因為在地表建巢穴的關係，其大顎也可以變身鏟子，外型大部分都平順圓滑，只有一顆鈍牙長在靠近前端處，用以撬開、移走堅硬地表。牠這對大顎乾淨利落

圖 2.3　嘗試拍攝蜜蜂所見的紫外線顏色改變了我們對許多熟悉花朵的觀念。攝影濾鏡顯示出濃郁的「蜂紫」，增強了黑心金光菊的「紅心」圖案。圖中顯示的花朵是人眼看到的（左）和蜜蜂看到的（右）樣子。Photo © Klaus Schmitt.

地交叉擺在下巴底下，像是一對熟悉工具，邊緣因為時常使用的關係，十分磨亮。在大顎之下，牠的舌頭如同一根細長銅管般伸了出來，底部看似釉黑琺瑯，長度大概是頭的一倍半。蜂的舌頭看似硬實，實則不過是一個中央有溝、覆以絨毛、外加層層疊疊護鞘保護的軸幹。當蜂在進食的時候，底部的肌肉會彎曲成一個中空的球狀構造，運作起來像個小幫浦，能夠快速地把花蜜由花轉送到胃中。這整個「舌器」是接合起來的，能折疊起來放入口腔裡，像手風琴的風箱折或是關節式起重機的活節臂一樣。（針扎標本——包括我的在內——則是蓄意讓其舌頭伸出來，以求好好展示。）因為舌的長度決定了蜂可以搆著花兒多裡面，有些特化種已然發展出龐然巨舌。除了那些妾身難辨的胡蜂照片外，勞倫斯還曾分享過一系列照片，是關於他剛在智利亞他加馬沙漠所發現的一蜂種（尚未命名）。

圖 2.4　這隻屬於 *Geodiscelis* 屬的智利沙漠蜜蜂具有奇特、延長的頭部和舌頭，進化成這樣的形態是為了幫助牠取得花朵深處的花蜜。Photo courtesy of USGS Bee Inventory and Monitoring Lab.

這種蜂的舌和狹長的頭部延展如象鼻，伸出來竟長過身體其餘部分，實顯怪奇，但卻恰恰好可以搆著牠賴以為食的琉璃苣花朵藏於深處的花蜜。[20]

蜂的頭部後端是胸部，集合了所有的不可能。在一九三〇年代，法國昆蟲學家安東・曼紐說了句名言（實也戲言），暗示昆蟲之能飛，違反了氣體動力學定律。類似的說法還可追溯到和安東・曼紐同個年代的某個德國物理學家和一位瑞士工程師。[21] 漸漸地，這樣的講法特別和一種昆蟲不可切割，就是熊蜂：其毛茸茸的碩體之於翅膀，似乎過大了。在文化流行上，「熊蜂熊腰，插翅能飛」也成了常見的隱喻，意指明知不可為

圖 2.5　蜜蜂兩側的成對翅膀可以分開或鉤在一起以發揮一體的作用。左圖顯示了蜜蜂左側的小後翅和大前翅，後翅上的一排鉤子塞入前翅後緣的折疊處。翅膀連結的細節如右圖所示。Left photo courtes y of USGS Bee Inventory and Monitoring Lab; right photo © Anne Bruce.

而為之，從宗教講道、到勵志書籍，甚至是政治講演，處處可見。玫琳凱化妝品創始人甚至把熊蜂作為企業吉祥物，發送鑽石鑲嵌的熊蜂別針當獎勵，來鼓舞旗下銷售人員一展「尚不知自己能飛的女性」力量。[22]雖然，蜂的確無法像固定翼飛具一樣一飛沖天，但同樣不言自明的是，蜂的翅膀也絕非固定式：而是可以翩翩搧動的。安東・曼紐和其他早期研究昆蟲飛行的人，自是明白，空氣動力學是不一樣的，但蜂的翅膀如何憑空生出升力，仍是迷霧一團；直到最近才終於逐漸明朗。

我的鹼蜂標本歇在昆蟲針上，翅膀朝空高舉，看似飛到一半時，突被凍止了。湊近一瞧，牠的翅膀像彩色玻璃窗般等著再被添加色彩，深色、網狀結構的翅脈強化了只有玻璃紙那麼厚的翅膀。蜂的左右兩邊各有兩只翅膀，雖然大多時候，同邊的兩只翅翼藉由精妙的彎鉤與褶皺系統，看起來像是一邊只有一個。這幾個翅膀看起來跟飛機上剛硬、頂部有著弧度的機翼完全不一樣，也不應該一樣。當固定式機翼透過形狀、角度和氣流速率來產生升力，蜂的翅膀能飛，似是獨靠其靈活敏捷性取勝，拍振次數時常超過每一秒鐘兩百下，並且靠著調整拍翅運動，妥善地利用了風、空氣壓力和飛行路徑上細微渦旋氣流。蜂翅拍振的速度之快，讓早期的研究學者丈二金剛，摸不著頭腦——如此快速的收縮速度似乎是另一項不可能任務，因為那比蜂腦部能夠發送訊息到神經的速度還要更快。不過蜂和許多其他昆蟲，藉著胸部相互拮抗肌肉之間的彈性與自然拉力克服了這個障礙。對於每一次神經衝動，這些肌肉震動一如撥過的吉他弦，在下一次神經衝動到來前，可以翩拍翅膀五次、十次甚至二十次。[23]至於這些疾速拍動要如何產生升力，一直得等到發明了高速攝影機，能夠在一秒之內拍攝上千張影像之後，謎底才揭曉。逐格分析影像之後，顯示翅膀不是如預期般地上下移動，而是前後擺動，好比一對搖櫓船槳。在實驗中加入煙霧，煙霧便能顯示氣流走向，揭祕如何藉由翅膀的疾速轉動迴旋與調整拍動的幅度，產生穩定的向下壓力（就像直升機螺旋槳），同時也產生旋圈狀的低氣壓，自翅膀上方表面螺旋而下，更進一步增加牠們的升力。[24]這些研究成果所鋪陳的空氣動力學圖像，改變了我們對蜂飛行的印象：牠們不是反常的怪例，而是大師的傑作。之後更成為模範，讓我們造出無人機到風力發電機葉片等等。就連笨拙的熊蜂，也得正義伸張而平反，如今牠可是因為在山裡稀薄空氣依然能飛行的非凡技能而備受矚目。喜馬拉雅山脈裡一原生熊蜂物種，被認為是全世界能在最高處飛行的昆蟲：就算在高於聖母峰之巔的海拔處，牠依然可飛行。[25]

蜂在地表上的移行運動系統端賴胸部底下突出垂掛的六隻靈活腳。或許沒有翅膀那麼神祕，但絕對不比之遜色。我的鹼蜂腳短小、細如迴紋針；但挪到顯微鏡底下，則一躍成了類似關節式蒸氣龐克機器般的東西。但不像蒸氣龐克的創作講究設計感，蜂腳上的每一個邊緣、關節、尖釘都自有其用。例如，把前腳彎起來，一微小的舌狀突出物便會靠近對面的凹口，形成一個完美的圓圈，圓圈直徑恰恰好可以用來梳理觸角。若觀察蜂在離開花之前，時常可見蜂會伸出前腳，頻繁地把觸角「關進」那個圓圈孔，愛乾淨地清理掉任何會干擾牠飛回家途中感官的花粉、灰塵。而在每隻腳的末端，各有兩個彎曲、像刺脊般的鉤爪，用來當足，並環繞著看似肉做的爪墊，而這肉墊則像一個吸盤。這組合既提供了蜂曳引力，又讓蜂如壁虎一般，能夠攀附光滑物體表面。（鉤爪讓你幾乎不可能把毛衣上的蜂給搖下來，而肉墊則讓你無法把眼鏡邊緣的蜂用一口氣就吹走。）我的標本在乾燥時，有隻後腿高高翹上了天，像歌舞劇團裡的舞者。對昆蟲學家來說，這個小瑕疵會讓我製作昆蟲針插標本的相對經驗不足昭然若揭，但這不完美卻也彰顯出後腳對蜂生活形態至

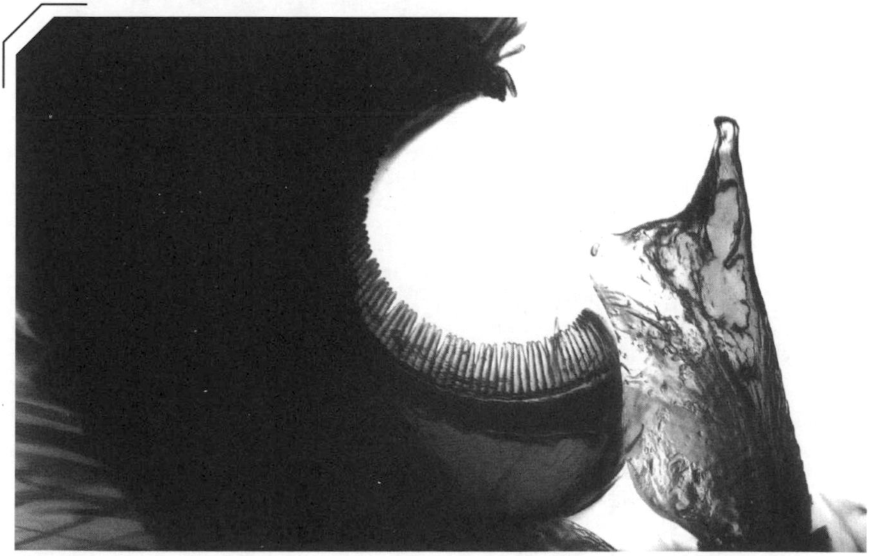

圖 2.6　蜜蜂前腿上的圓形凹口尺寸非常適合梳理觸角，圖中顯示這個蜜蜂腿部的細節。Photo © Anne Bruce

關重要的特徵。即便已存放多年，那條腳上的金黃色花粉團塊依舊熠燿，大概是從我第一眼發現牠時的那株仙人掌花所採來的。花粉能夠好好地待著，是因為被囚在一簇被稱作「花粉刷」的濃密分枝毛邊緣。（想像一下要從長絨地毯上把糖粉刷掉，你大概就抓到那個感覺了。）其他的腳也有自個兒的梳子與毛刷，好收集花粉或是從體毛處採走花粉，然後再將其移回花粉刷上加以儲存與運輸。熊蜂、蜜蜂與其他親緣相近的物種，更是把此等概念昇華進階一層，會用花蜜濕潤花粉，於是花粉就會形成黏球，可以塞進腳本身結構裡一個籃狀的中空結構。如果蜂在同一趟採蜜之旅造訪了各種不同的花朵，不同顏色的花粉類型經常鮮明可見，在其後腿成紋，就像古早時候馬戲團小丑鮮豔奪目的燈籠褲一樣。

除了花粉，大部分蜂的呈色重點在腳的後面，落在腹部漸細的條紋處閃爍發亮。那些色彩可以像鹼蜂那樣嵌入表皮，或是展示在絨毛上，著色成橘色、黃色、黑色、白色，或是在一些熱帶蜂與澳洲蜂身上可見的亮藍色。這些顏色多半傳遞著警告訊息——被螫的恫嚇——但因為雄蜂與雌蜂有時的花紋不盡相同，在物種辨識與配種擇偶上，也能發揮作用。粗大的條紋很常見，但華麗綺美卻不一定是王道。許多蜂的腹部僅僅呈現褐色或黑色，而有些或許閃耀著紫外光色調，是人眼無法察覺與分類的。撇開顏色不談，腹部的真正功能仰賴其內裡，支持著多種器官與管道，讓蜂能維持運作。大多數

圖 2.7　雌性蜜蜂的後腿邊緣通常具有密集的分枝毛，用於攜帶花粉，就像這隻 *Melissodes* 屬長角蜂的蓬鬆毛髮一樣。Photo courtesy of USGS Bee Inventory and Monitoring Lab .

的蜂遵循著標準昆蟲模型：一個簡單的心臟，負責循環血液至腦部與肌肉；一套囊袋與管狀系統，好透過表皮上的小開孔，把空氣吸入、排出。[26]大多數時候，呼吸作用都是被動式進行，但當蜂「意欲奮勉」起來時，可以藉由（肉眼可見地）擠壓其腹部來加快速度，此為昆蟲版的氣喘吁吁。蜂的消化道因其迷人的名字而引人矚目：被喚作「蜜源胃」或是「蜜源作物」，是一囊袋，當需要的時候，可以戲劇化地膨大擴脹，把其他器官都推到一邊，讓出空間來進花蜜之貨。另外，再加上生殖器官，與幾個能夠分泌費洛蒙與築巢物質的腺體，腹部就差不多全員到齊了。不過，在蜂的背面尾端，倒是有另一個特徵，有潛力留下難以抹滅的印象：螫針。

如果你曾經苦讀鑽研蜂，又或者正在寫本關於蜂的書，眾人最常詢問你的問題，就是你到底被蜂螫了幾次。然後，你可以跟他們說，其實大多數的蜂很少螫人，有些甚至不具備螫人的能力，來讓他們大吃一驚。[27]這其中翹楚要算是雄蜂了，連相應的裝備都整套欠缺。螫針從蜂之遠祖：胡蜂演化而來，是雌蜂生殖系統的延展結構，最初是用以產卵的尖管。只有雌蜂身上有，也只有雌蜂方有針螫之能。對遠祖胡蜂來說，這觸手可及的工具是一物兩用，首先能麻痺獵物，使之不得動彈，繼可將卵直接產於其中或其身上，於是胡蜂的肉食性幼蟲便可以在此完美之處孵化，有糧飽食。許多胡蜂仍然依循此道，但有部分的胡蜂以及所有的素食蜂種，最終都把這兩個功能分了開來，讓腹部尖端的一個小孔專職產卵，而管狀的螫針則全力用於防衛與攻擊。而這也讓蜂能夠依照各自的生活形態，螫針各有其特化，從完全無針螫的物種，到那些為了集體防禦而發展出來毒惡的自動注毒針。[28]

我的鹼蜂標本，螫針是伸出來的，想必死時正打算來個最終防衛一擊。螫針從牠腹部突出來，像個微小碎片，但在放大倍率底下，我可以看出來螫針由幾個緊密相嵌合的部位所組成：有個凹槽狀的中心軸，用以投輸毒液；凹槽兩側有兩根鋒利的刺

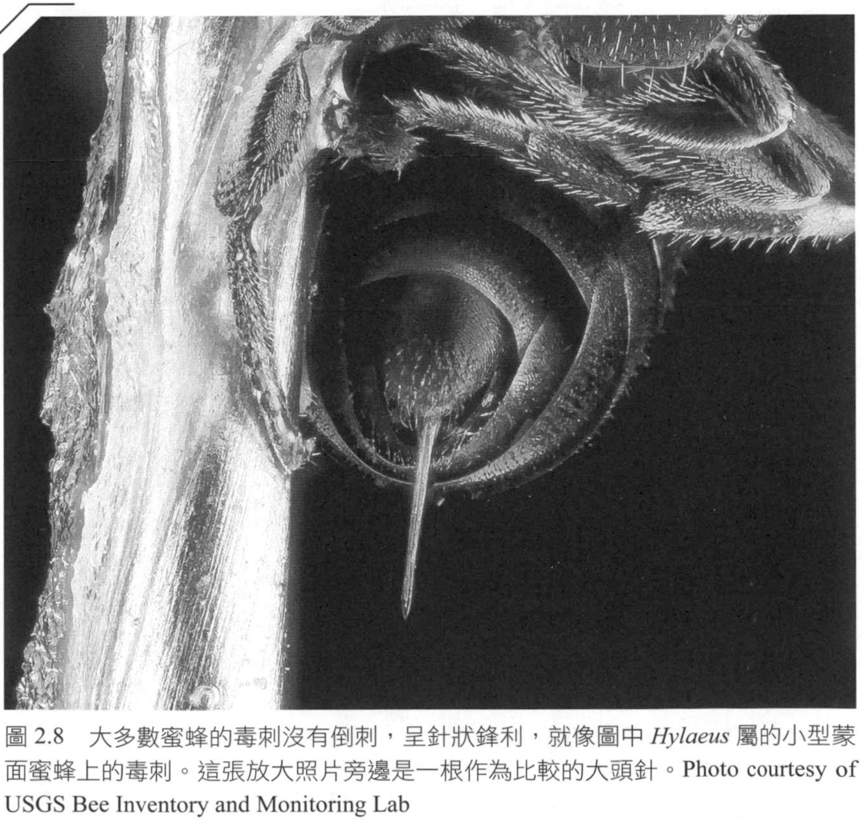

圖 2.8　大多數蜜蜂的毒刺沒有倒刺，呈針狀鋒利，就像圖中 *Hylaeus* 屬的小型蒙面蜜蜂上的毒刺。這張放大照片旁邊是一根作為比較的大頭針。Photo courtesy of USGS Bee Inventory and Monitoring Lab

刀，可以刺穿、抓住血肉之軀。如同絕大多數蜂種所示，刺刀的邊緣平滑，像是琥珀色的高跟鞋似的，只有在尖端有些淺淺的鋸齒狀缺口提供曳引力。這意味著，牠本來可以很輕而易舉地抽回螫針，好戳擊我不只一次，對牠來說會是個好主意，畢竟針螫殺傷力有限。雖然，昆蟲學家施密特在他名聞遐邇的「昆蟲螫叮疼痛分級」表上，沒有納入彩帶蜂屬，不過，他倒認為彩帶蜂相關種的螫痛，和「小撮火花燒掉手臂上一根汗毛」的疼痛差不多。不用保衛大型窩巢，大部分的蜂只需要毒效足以抵擋偶現的敵人，或是飢餓蜘蛛的攻擊便行。在蜂螫的世界裡，真正的疼痛來自於大型、高度社會化的物種，這類蜂巢擁有大量令其他動物垂涎欲滴的幼蟲——有時候是蜂蜜——讓牠們成為從熊到鳥，甚至是靈長類動物的誘人目標。而在這些物種裡，工蜂會採取集體防禦的策略，來保護牠們的巢穴不受外來者所擾。這不單是蜂毒的毒量舉足輕重，還有毒液裡包藏了些什麼——若在裡頭添加些蛋白質、胜肽或其他化合物，更能助毒液為虐。例如：包括我們在內的哺乳類動物會感到火燒似的疼痛，是肇因於蜂毒肽，能破壞細胞，對心臟具有毒性；至於其他昆蟲（包括其他種蜂在內），則較受組織胺影響。

而蜜蜂，值得特別一提：牠們的刺刀以倒鉤武裝，不安好心的鉤狀小牙能夠堅實地抓住筋肉，讓戳進去的螫針能牢牢地緊附被害者。如果蜜蜂在攻防之際飛走了或是被拍拂掉了，螫針仍然可以滯留在原處，連帶著毒囊與肌群一起從腹部撕脫出來，依舊附隨、持續注送。相關的神經中心也在這份「厚禮」裡，讓螫針就算離開了蜂，依然能「存活」至少一分鐘，這餘裕遠遠足夠讓整囊的毒液都注射完畢。[29]對蜜蜂來說，螫叮會造成致命的腹部重傷，但任何一個蜂巢都總有著上千隻工蜂，有個能恫嚇駭然的防禦優勢，要比犧牲寥寥個體重要得多了。施密特覺得被蜜蜂螫的經驗，乃畢生貽範，那記憶猶新的螫疼，剛好可以做為基準線，拿去跟其他昆蟲叮咬的疼痛相比較。而之於螫疼，最讓人印象深刻的描述，怕是出自比利時諾貝爾得主，也是業餘昆蟲學家的梅泰林克：「是一種噬人的燥，沙漠的炙焰自傷肢滾馳而過，彷若太陽的眾女兒已然自父親的怒光裡，蒸餾出一種炫目的毒藥。」[30]把蜂和太陽連繫起來，從許多層面來看都很到位；而梅泰林克的比喻更讓我們這場蜂體探索旅程，大抵上結束於初始之處：沙漠裡。

帶著紙箱，裝著我的鹼蜂，和超過上百個其他針插、標記清楚的樣本，我離開了亞利桑那州。這些可是我的參考資料收藏，鑑貌辨名時，我還是依仗著這些標本的幫助。「野蜂研習營」裡的工作人員以傳授實用性高、實作實幹的科學技能而自豪，但他們忍不住傳承了更多：像是他們對於研究主題的喜愛，實在非常具有感染力。鍾情於蜂，豐富了他們的研究，改變了身為一個觀察者可能想問的問題。如今，我能冠蜂以名，總忍不住想知道蜂的生活是什麼樣子：當牠飛身而過的世界，有著不同的顏色、不間斷的風吹草動，同時間視覺和記憶、氣味、震動、電荷與磁力相互作用，形成一片感官鮮烈活豔的景緻。如今我看著花上的蜂，便會想像著牠是如何到達這兒的，追逐著一縷香氛，從起初的若有似無，到能醉倒人的濃烈，然後像素化的花終於在視野裡對焦成形，花瓣脈動著蜂之紫、花蜜引導還有那帶有麻痛感的電流引力，引導著蜂終究是毫無意外地往花心內直取那甜蜜的報償。蜂的身體是尋覓、載送花粉的精密儀器，但我愈是心心念念著蜂的生活，我愈是明白這中間少了些什麼。

我在一叢仙人掌花裡抓到我的鹼蜂，而且幾乎所有我收藏裡的其他蜂，都是在花上或是花附近，被一網擒獲。對捕蜂人來說，有什麼比花更好的地方去守株待蜂呢？但，雖然探花採蜜，絕對是蜂生活方式的核心，但這也僅只是蜂過活的其中一部分。一但牠們把蜜源胃裝滿了花蜜，也把花粉刷鋪滿了花粉，牠們準備去哪裡呢？我知道蜜蜂跟著成千上萬的蜂，生活在蜂巢裡，但我也知道蜜蜂是個例外。我標本盒子裡大多數的蜂，都過著非常不同的生活，構築巢穴、撫養後代，皆全憑一己之力，對此，我卻全然未知。如果「野蜂研習營」的課程再長一點，我可以把這些問題，一股腦地拿去請教洛曾、勞倫斯，或是其他講師。但有時，如果你想要聽故事，那最好還是去問說故事的人。而我正巧知道有個說書人，曾經靠解密、包裝、出售獨居蜂的故事賺錢糊口。

第三章　一起耍孤僻吧

獨處自然是一件美事，
但若有人陪伴在旁，
能時不時地同他說，
孤獨多美好呀，
豈不樂哉。[1]

——巴爾扎克《論退休》（一六五七）

一開始，他甚至未曾察覺到那些其實是蜂。格里芬正忙著把新的花園門搭起來，這時他瞥見幾隻小小的黑色昆蟲在新挖的柱洞周圍忙碌飛舞。他狐疑了一下，不知道牠們在做什麼，隨即就忘了這件事。格裡芬剛從保險業退休，經過三十五年的繁忙工作後，他迫不及待地將精力轉移到延宕已久的計畫與嗜好上：木工、水彩畫、本土歷史，還有園藝。昆蟲學甚至不在他的興趣列表上。不過，要不了多久，那些小小的黑色昆蟲會從他的花園，轉移陣地到他的工作室，甚至連工作室也都關不住了，茁壯成為他事業的第二春，勞心費力程度絲毫不亞於之前的事業。而毫無意外地，這旅程，起點就是從授粉開始。

「我的水果收成真是糟透了。」格里芬跟我說，並解釋他家後院圍籬旁種著四十株梨子樹與蘋果樹，每年都繁花盛開，然後實際產出的果實卻少之又少。當他讀到一份關於本土授粉蜂的農業公告時，一切似乎豁然開朗。「我突然意識到那些小小的黑色昆蟲就是蜂。」他說道。他急忙跑到外頭，發現一小群果園泥壺蜂正在他的果樹與花叢間忙碌。湊近一瞧，牠們小小的黑色身體閃爍著藍色微光，頭部和透明翅膀基部的邊緣被茶色的絨毛覆蓋。他追蹤蜂的飛行路徑來到花園遮棚，看到牠們如何巧妙地利用屋頂重疊瓦片間的縫隙築巢。每隻雌蜂都在自己的巢穴裡忙進忙出，慢慢地把空隙填滿花粉，然後用精心雕塑的泥巴堵住巢口。當格里芬在一塊木料上鑽了幾個小洞，蜂也用蜜將這些小洞填滿。格里芬來了勁，持續不斷地如法炮製，兩年後，泥壺蜂多到他不知道該如何是好（水果也多了！）。一時突發奇想，他決定把蜂當作聖誕禮物送出去。

「大家都好喜歡！」他一邊說，一邊向我展示他的初版樣品——一小塊木頭，上頭裝有可愛的尖頂屋頂以及十二個空著的窩孔。底部還黏上了另外三個已經被蜂填好、泥巴塞緊的小洞。格里芬的親朋好友在來年春天把這份獨特的禮物懸掛在屋外，新孵化的蜂找到最近的花蜜與花粉源，隨即又把空著的孔

圖 3.1　壁蜂屬中包含了超過三百種的泥壺蜂。在這張照片裡，我們可以看到一隻雄性的紅色泥壺蜂正在巢穴的洞口探頭。這張照片由 Orangaurochs 提供，並上傳至維基媒體共享。

洞填補成新的巢穴。「效果堪稱完美。」他回憶：「甚至超越了我原先的預期。」

對許多人來說，這個故事或許就此告一段落，留下了一個難忘的聖誕節早晨和一堂在自家後院生趣盎然的春天授粉課。不過，格里芬把他對商業的敏銳帶進了生物學，嗅到了商機。當他將一車自製的蜂房帶到當地的園藝展覽，結果全數售罄。沒過多久，他發現自己開始向遍布北美的消費者與零售商供應泥壺蜂。他開始參加有關蜂的課程，撰寫有關蜂的書，並開始向各種園藝社團分享關於蜂的知識。他找了一個商業夥伴，並開始將蜂房、蜂屋，與紙製蜂管的製作，以及特製的內襯和補充材料的生產，委外給那群對養蜂充滿熱情且快速成長的群體。現今，泥壺蜂可以在各處買到，從五金行到亞馬遜購物網，但三十年前，格里芬可是這個領域的開創者。「所有的資訊都在那裡。」他向我保證著，並且把一路上幫助他的專家大名和參考資料來源一股腦兒地說了出來。然後，他笑了笑，搖搖頭，並補充道：「或許就欠一個像我這樣的保險經銷商來把所有事情組織起來吧！」

從某個角度來看，格里芬的養蜂生意成功是意料中事。他的商業模式掌握了一種在自然界中早已蓬勃超過一億兩千萬年的生活形態。一如牠們的泥壺蜂遠祖，果園泥壺蜂是獨居生物。每隻雌蜂都獨立地建造自己的窩，為後代儲糧，而無需依賴蜂群的協作。牠們把時間算得剛巧，「成」蜂時節恰於春季花開，活得短暫也活得奔忙。明瞭並且重新包裝蜂的生活策略，不僅讓格里芬有了一個生意盎然的家庭工業，而且還向他（和他的客戶）揭示了一套遠古就已經形成並持續以微小的變化支撐著世界上兩萬種蜂類的行為模式。我們常對演化中的創新所震驚——從胡蜂到蜂的轉變，或是蜂蜜與蜂巢的發源。但演化過程同時也十分保守。那些已經證明有效的特徵和習性，往往能長時間保持不變。獨居蜂正體現了這樣一種演化裡較少為人知，但同等重要的原則：「如果它沒有壞，就不要修」。

「哎呀，她要產卵了！」當我們看著一隻泥壺蜂轉身回到巢洞裡，格里芬驚呼。數十隻蜂正在我們頭上無害地嗡翁飛舞，在花園後牆邊設置的厚紙板蜂管與木製蜂箱裡飛進飛出。在蜂窩裡眼不可及的地方，這隻蜂會在一團牠花了整天時間所採集的花粉與花蜜所形成的「蜂麵包」上產下一顆小小的卵。牠的下一場覓食之旅將是去尋找泥土，將產下的卵封入小格子內。然後，牠會從頭開始，重複著採集花粉、花蜜、產卵，和塗抹泥巴的流程，直到整個巢洞都被完全填滿。「牠們確實是十分優秀的泥匠。」格里芬說著，描述著蜂如何混合泥土或黏土，直到達到適當的黏稠度，然後用大顎、前腳與腹部的協調作用，把泥土團型塑與拋光。「我曾經把蜂巢拆開來，然後在顯微鏡底下觀察。」格里芬接著說道，語氣裡滿是欽佩。「巢壁平滑，完美無瑕。」

如今，格里芬已經八十餘歲，二度退休，他把仍為強大的精力投入到他的新熱情之中——製作客製化的烏克麗麗（身為一個生意人，他已經把超過八十把烏克麗麗賣給了遍及全球的演奏者與收藏家）。不過，他仍然在花園裡飼養一群蜂，當我們坐在春日的陽光下看著這些蜂忙碌的身影，我感覺到他的熱情絲毫未減。格里芬聲音低沉而沉穩，目光清亮，只有那一頭白髮透露出他的年紀。隨著午後時光推移，他顯然仍舊不時地汲取著那無與倫比的青春之泉：好奇心。「我們來瞧瞧蜂媽媽能不能找到牠們的寶寶吧。」他在某個時刻說道，並且挪動了兩個蜂箱的位置。不一會兒，幾隻迷惑的蜂在牠們原本巢穴所在的空架子上來回走動。雖然牠們各自的費洛蒙氣味可以告訴牠們哪個巢洞是自己的，但牠們還是需要依賴視覺地標和空間線索才能找到巢洞的大致位置。這也是另一個從泥壺蜂身上繼承下來的習性。最終，這些蜂可能會適應數寸的改變，但更大幅度的更動可能會讓牠們無法識別巢洞的位置。

我無法不為那些暈頭轉向的蜂媽媽感到憐憫，雖然我知道不論格里芬把蜂箱搬到哪裡，牠們都不會再看自己的寶寶一眼。對於像泥壺蜂的獨居物種而言，親職的契約在囤積足夠糧食之後就結束了。一旦卵與蜂之麵包被埋在巢內，蜂媽媽便毫不猶豫地繼續前進，用整整一個月的時間瘋狂地建造並且囤糧於新巢室。如果天氣良好且花源充裕，一隻泥壺蜂在筋疲力盡之前，可以產下超過三十顆卵。曾經，我在果園裡找到一隻疲態盡顯的雌蜂，把牠放在一個我希望能在季節結束前填滿的新蜂巢上。這個新蜂巢的位置極佳——陽光充足，被果樹環繞，緊鄰一片泥土。牠走到蜂巢的邊緣，搖晃了一會兒，好像疲倦地望著那些排列的空巢，然後就這樣從邊緣跌下，死在草地上。

我們看到泥壺蜂飛來飛去的幾個星期，感覺牠們的生活短暫且瘋狂，但其實還有幾個月的活動詭計，以及漫長的休息期，都在我們看不見的地方、在牠們安靜黑暗的小巢中進行。在格里芬花園牆上的蜂箱巢穴裡，卵已經開始孵化。如果一切按計畫進行，那些微小的幼蟲會在整個春夏季節裡享用蜂麵包，直到牠們長大到可以結繭。就像我們比較熟知的毛毛蟲變成蝴蝶或蛾的轉變，蜂的生命週期也包括了完全變態。[2]之後，牠們休息，經過秋天和冬天的休眠，直到春天漸溫的氣溫喚醒牠們。[3]這個過程——包括泥壺蜂和其他數以千計的物種——已經重複了數百萬年。這意味著，無論我們在何處、何時，都有獨居蜂在周圍——如果不是在飛來飛去，就是躲在自己的巢穴裡。對於喜歡蜂的人來說這是一個令人振奮的想法，但這並不意味著巢穴裡的生活是永遠的平靜和順利。

「我很開心你來，督促我把這裡清乾淨。」格里芬說著，聽起來有點不好意思。「我今年是真的放手不管、順其自然了。」對我來說，這花園裡遍處是蜂，但格里芬搖了搖頭。「看看那些沒有成功的。」他說，並開始取出仍保留著泥塞的厚紙板蜂管。入春已深，所有健康、成熟的蜂早就咬破巢口飛出來了——那些就是在我們頭頂嗡鳴作響的蜂群。那些巢口上沒有明顯出口隧道的蜂窩，都是失敗的，裡面充滿了死於蟎蛆、真菌感染，或是更糟病症的蜂。

「看那兒。」格里芬說，並指著一個特別之處——一個小而完美的圓孔，穿透了一根紙板蜂管的側邊。有人沒從正門離開呢。「你對齒腿長尾小蜂屬（*Monodontomerus*）熟悉嗎？」他問到，並在廢棄堆裡再翻找了一會。然後他伸手，將一粒微小的金屬藍色顆粒放在我手心中。透過一個手持放大鏡，這昆蟲的模樣清晰可見——一隻比一粒稻米還要小的完美胡蜂，每一個細微處表面都閃耀著虹彩般絢麗色彩。我將牠小心翻轉，在陽光下，其體色從藍轉成綠，再變成金色。牠彷彿一顆綺麗的珠寶，是昆蟲界的法貝熱彩蛋。但這小東西，還有其他與牠類似的生物，對泥壺蜂來說都是致命威脅。

「牠們總在季末才出現。」格里芬背對著我，邊整理巢箱邊說道。然而，對於齒腿長尾小蜂屬裡的胡蜂——或是簡單稱為小蜂（Monos）——來說，提早出現實在毫無意義。雌性小蜂會藉由繭和積聚的糞便的氣味來定位目標，這些都是窩內的年輕蜂已經發育得既壯大又豐滿的不二證據。接著發生的事情，彷彿是恐怖電影中令人毛骨悚然的情節。當偵測到具有「潛力股」的窩巢後，雌性小蜂會運用牠長如針狀的產卵管，刺穿泥塊屏障（有時甚至是周遭的木頭），直入繭裡，然後牠會在這隻年輕蜂身上產下牠的卵。這些卵會立即孵化，然後開始活生生地吞食宿主，將原先的泥壺蜂窩，瞬間轉變為小蜂的搖籃。一旦吃飽了，這些小蜂幼蟲便會利用繭，如同泥壺蜂會做的那樣：將其作為一個遮風避雨的庇護所，在其中休息，變態，然後慢慢地咀嚼出一條通往自由的出路。

格里芬的胡蜂侵害，讓我想起恩格爾曾經說過的一番話。他跟我說：「對於膜翅目，寄生現象才是真實上演的大戲。」[4]他所指的是整個分類學「目」階底下，包括了蜂、胡蜂，與螞蟻。他進一步解釋，這種習性早在演化歷程中就出現，且一直持續頻繁地進行，至今依然是該群體中的主要生活形態，尤其在胡蜂中更是如此。當幼蟲消耗或者以其他方式摧毀宿主，如同小蜂們所做的，昆蟲學家會將其稱為「擬寄生物」（或是致命寄生物），而幾乎所有的蜂都至少有一種這樣的對手。舉例來說，在格里芬的花園中，就有四種不同的小蜂，以及至少一種青蜂屬的胡蜂，還有一種擬寄生蠅（儘管這對於宿主來說並無任何的安慰，但許多的擬寄生物也會成為其他擬寄生物的獵物，讓窩巢內的生活史又添加一層詭譎的剝削）。而像是這還不足夠似的，蜂還面臨來自同族裡的背叛。

「也許，我們會瞧到『布穀』蜂。」格里芬嘴上說著，目光瞥向我們頭頂之上嗡鳴的昆蟲大軍。現在，蜂巢箱已經井然有序，我們坐在附近花園植床的木邊上，放眼瞧著。自下往上看，蜂群招展著牠們最為獨特、迷人的性狀之一。泥壺蜂所屬的大家族，還包括了切葉蜂，牠們會用碎片般的綠葉裝飾巢穴的周緣，還有用毛茸茸的植物纖維製成氈布的絨蜂。但無論建造巢穴的方法如何不同，這個家族裡的所有成員都將花粉貯存在同樣的地方：牠們的腹部。這使每個雌蜂看起來都像是穿著一件小而鮮豔的圍裙——有時是黃色，有時是橙色，有時是粉紅色、紅色，甚至紫色，這完全取決於牠訪問的花的類型。這令人愉快的習性讓牠們與幾乎所有其他的蜂區別開來，因為其他蜂的花粉負載看起來更像是在後腿被高高拉起的高筒襪。然而，要找到一隻「布穀」蜂，格里芬和我需要找到一隻完全沒有花粉的蜂。

「布穀」一詞，直接源自大自然：這是一個中世紀法語詞彙，旨在模仿這種鳥的兩音節鳴唱。某些鐘錶的所有者對這句話非常熟悉，但布穀鳥也因將自己的蛋產在其他鳥的巢中而聞名。[5]這策略讓牠們能夠逃躲照顧幼鳥的負擔，因為寄主鳥會將布穀鳥的幼鳥視為自己的孩子一樣養大。「布穀」蜂也做同樣的事，但由於大多數蜂都像泥壺蜂一樣，並不直接照顧牠們的後代，所以「布穀」蜂真正逃避的是收集花粉和花蜜的刻苦勞頓。「布穀」蜂不是花長時間搜尋合適的花朵，而是直接趁窩洞裡的原主蜂外出之際，遁入窩室裡產卵。如果這種詭計沒有被察覺（而且，大多數的「布穀」蜂卵都能超級巧妙的偽裝），那麼宿主蜂會在不知情的情況下完成牠的工作，把外來的卵與自己的卵一起封在巢裡。當卵孵化後，入侵的幼蟲會用一對特化的鐮刀形大顎殺死名正言順的住客，然後享用偷來的蜂之麵包。[6]生物學家稱這種生物為「偷竊寄生生物」，這是一個希臘詞彙，形容那些靠偷竊他人食物生活的人。這個名稱不但適合安在許多大學室友身上，適用的蜂類數量也挺驚人。

「至少有百分之二十……，很有可能還更多。」當我詢問恩格爾世界上的蜂種到底有多少是靠寄生過活，他如此估計。就像是獨居習性一樣，偷竊寄生現象在蜂的演化之史中，是眾多鮮為人知卻又成功的故事之一，評判標準——以此為例——是這種現象在演化中出現的次數。雖然精確之數難斷，但在七大被公認的蜂「科」裡，至少有四科家族、成千種蜂種，以偷竊為取得食物的主要手段。也因為這些占小便宜的傢伙不需要採集花粉，牠們常常沒有絨毛和其他蜂類的特徵，使得牠們難以識別。許多看起來像胡蜂，且大多數都相當隱晦且不起眼，這對於一種以詭計為生存方式的物種來說，是相當有利的。但是，因為牠們通常專攻一種或少數幾種親緣接近的物種，「布穀」蜂會緊跟其寄主進行繁殖。新的蜂種出現，就會帶來新的「布穀」蜂，如此循環往復，無窮無盡，為蜂的演化故事增添了一層迷人的多樣性和複雜度。

格里芬和我在他的泥壺蜂群裡，沒有找到「布穀」蜂。在我們頭上飛舞盤旋的蜂群，都穿著金黃色的花粉圍裙，或是有時候，用牠們的頜顎緊握一塊光滑的泥巴球。不過，如果我們觀察一整季，而不只是一個下午，「布穀」蜂鐵定會現蹤——被蜂麵包的保障和可供後代使用的乾爽窩室所誘引。因為小蜂與其他寄生生物之故，看似簡單的獨居蜂巢穴變成一個極度競爭和危險的地方。因此，泥壺蜂只要不在尋花覓糧，就會守護自己的巢穴以抵禦這些威脅。（若往裡看，你常會看到蜂媽媽毛茸茸的臉，也正盯著你）。他們還會用極厚的泥塞封住出入口，就像法老王的墓一樣，墓道首先通向空無一物的前廳，然後才是真正的巢室。同樣，就像古埃及人一樣，泥壺蜂會將最珍貴的寶藏藏在隧道的最深處。

「我發現，六英寸的管子效果最好。」當我們參觀他的工作坊，檢視他多年來試驗過的各種設計時，格里芬如此跟我說。「任何短於這個的長度，就會有太多的雄蜂。」

這個說法雖然聽起來詭異，但卻揭示了蜂生物學的一個基本特徵：雄蜂是可有可無的。就像螞蟻，胡蜂以及其他多種昆蟲一樣，蜂媽媽可以預先決定其子代的性別：受精卵會產生雌性，而未受精的卵則會成長為雄性。牠們在卵巢基部有著一個特殊的囊袋，能夠儲存在「婚飛」時所獲得的精子。因此，牠們便可以靠著開關這個囊袋來分配精子，來掌控子代性別。此一系統讓泥壺蜂能夠對造物出奇制勝，把牠們尊貴的雌性後代藏在距離窩巢洞口一定距離之外的深處，這讓任何的寄生生物（或是飢餓的啄木鳥），都必須要穿過所有橫在中間的腔室才能搆到。格里芬有個玻璃做的展示巢，可以完美地展示內部情況——愈深處的雌性卵所在的倉室看起來明顯被精心打造，囤存的蜂麵包也比靠近洞口處的雄性卵倉室大上許多。[7]對於想要建造蜂巢的人來說，這系統提供了窩巢深度的實用參數。對於雄蜂來說，這種方式則呈現出了冷酷的邏輯：只要有足夠數量的雄蜂能夠存活並繁衍後代，整個族群便不會因失去其餘的雄蜂而受到影響。令人欣慰的是，那些能夠存活到春天的雄蜂，牠們可以過著相對安逸的生活。根據牠們所在窩巢的位置和設計，牠們會最先出來，如果有任何慢半拍的落後者，則會被後面出現的蜂逼迫去行動。一旦走出窩巢，牠們便會在窩巢周圍游蕩，或許爭奪一下位置，然後和任何、所有能找到的雌蜂交配——這通常會在雌蜂剛爬出窩巢的那一瞬間發生。完成這項任務後，雄蜂就可以在剩餘的生命裡隨心所欲地活動，而蜂媽媽則需要擔起為下一代提供糧食的重責大任。

窩巢的設計和其他習性會變，但這些構成果園泥壺蜂生活形態的基本要件卻如出一轍，幾乎世界上所有的獨居蜂也都如此。有些物種在堅硬的泥土地、沙地上掘洞；有些則用中空的樹枝、松毬或是樹幹溝槽。我曾發現過蜂築巢在堆肥堆裡、人行道裂縫、柴薪炭材、石頭堆、收起來的雨傘還有一塊衝浪板用蠟上的缺口。有一種印尼蜂，會在活躍的白蟻丘內築巢，還有一種伊朗境內的蜂，會用粉色與紫色的花瓣黏接成精緻的瓶器。超過兩打的歐洲與非洲蜂種，只青睞在廢棄的蝸牛殼裡築巢，還有至少兩種北美洲的品種，會在乾掉的牛糞裡建家。[8]不過，不論牠們在哪裡築巢，這些蜂遵循著同一

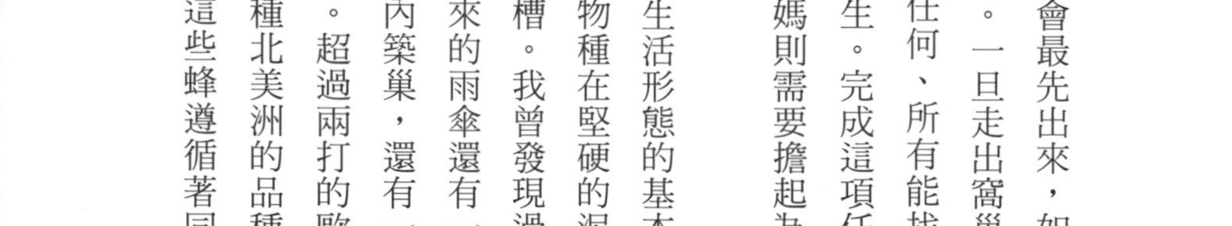

圖 3.2　這張剖面圖向我們展示了果園泥壺蜂巢的內部情況。食物充足的雌蜂細胞被安全地藏在巢穴的深處，而位於接近入口處則是較微小且可被犧牲的雄蜂隔間。插圖的版權歸 Chris Shields 所有。

套遠祖時起的循環週期：出世、交配、建窩築巢、為子囤糧，然後產卵。一如泥壺蜂，牠們也身兼一群「布穀」蜂和其他寄生物的宿主，意即，任何一個窩巢都有可能產出多種的蜂種，還有胡蜂、蠅類甚至是甲蟲。即便獨居生活形態明顯是成功的，卻也是危機四伏。來自寄生現象與掠食不斷的威脅，或許可以解釋另一種蜂類特徵的演化：並非所有的蜂都選擇獨自生活。

「這是個困惑我已久的問題。」我們見面的那個下午，接近尾聲時，格里芬這樣對我說。「如果這些蜂確實是獨居的，那為什麼牠們還是如此一群一群

圖 3.3　獨居蜂聚居築巢可能享有像是群居動物所擁有的一些優勢：降低遭受掠食的風險、群體防禦，以及發展出新演化方向的美妙可能性。源自 Elbridge Brooks 的《*Animals in Action*》（1901 年）。維基媒體共享。

呢？」他指給我看靠近他家前門處石牆上的數條裂縫，在那裡，有些蜂的確是獨自築巢。但是，他的泥壺蜂，不論他如何安置蜂箱，總是傾向於聚在一處。「牠們似乎想要待在一起。」他若有所思地說。「這是為什麼呢？」

對於一些蜂來說，擠在一起是因為棲息地有限而迫不得已的結果；峭壁懸崖、裸露的土壤，或是樹幹、樹枝、木材裡的合適洞穴，通常都是難得的寶地。不過至少部分的答案在於古老生物學的理念：「數大帶來安全」。舉例來說，如果你是一隻獨行的斑馬，走過一隻藏身在草叢中的飢餓獅子，那麼你就會變成一隻死斑馬。但是，如果你和一大群斑馬在一起，你的生存機會將會戲劇性地提高。群體生活降低了任何特定斑馬的風險，這是純粹的機率問題。除此之外，這也提供了集體防禦的機會，並為像條紋這種特徵的演化提供可能（有些專家認為，在近距離下，條紋可以在視覺上迷惑掠食者）。[9]對獨居蜂來說，其邏輯也十分相似。以群聚方式築巢可以分散「布穀」蜂和其他寄生蟲的威脅。但更有趣的是，當獨居的個體一代又一代地聚在一起時，牠們的近距離關係便為新的行為模式開啟了大門。有些物種，像是果園泥壺蜂，堅定地維持其獨居本性——一個巢一隻雌蜂。但有些蜂種則嘗試進行合作，從偶爾共享巢到集體儲藏食物、照顧幼蟲，以及防禦。在至少四種彼此不相關的情況下，這種行為已經導致了專家們所稱的「真社會性」的多層次複雜度。我們對真社會性的認識，主要來自我們最熟悉的蜜蜂，牠們有著高度組織化的築巢習性。然而，若是此領域最傑出的思想家所言不假，我們對這種生活形態的熟悉，要更為深層。

在二〇一二年出版的書《群的征服》裡，作者哈佛大學生物學家威爾森，列出了真社會制度的必要先決條件：多代同堂、勞動分工，以及利他行為的存在。少數幾種生物，能夠罕見地達到上述所有的要件，包括了螞蟻（他的專業所在）與白蟻，還有某些胡蜂與蜂，這些生物在自然界裡常常享有無與倫比的成功。在這短短的名單上，威爾森提議加入一個非正統的選擇：人類。如同他在一場訪談裡所述，最終能夠滿足所有真社會性標準的種類只有寥寥數種，而其中之一——也是唯一一種大型動物——正是起源於非洲的大靈長類。[10]

不出所料，威爾森把人類與一群由昆蟲、少數蝦類和裸鼴鼠主導的生物體相提並論後，立即遭受到了批判。不過，他並非第一個指出人類社會與蜜蜂等生物習性相似的人。學者們自古以來就把蜂巢當作人性的模型，至少始自維吉爾的時代，維吉爾曾對蜂有這樣的描述：「牠們自己分擔了照顧幼體的責任，團結地居住在同一個屋簷下，生活遵循法治體系。」[11]然而，威爾森論點中備受爭議的部分，主要是他對於真社會制度「如何」演化的觀點。他認為，這不僅僅是傳統觀點上，關於個體的相對存活率，更關乎天擇作用對整個族群的影響。這般思路為利他主義提供了直觀的解釋：自我犧牲的行為在「最適者生存」的原則下顯得格格不入（像是在戰場上不顧生死的英勇，又或是放棄生殖繁衍的機會），但如果這可以帶來族群的整體利益，這種行為便能夠持續存在，甚至蓬勃發展。不過，威爾森的理論模型卻和幾十年來基於數學公式研究親緣關係程度的結果相抵觸（即利他主義能夠在基因庫裡延續下來，只因為它所能提供給近親親族的利益，足以抵消可觀的自身損失）。關乎這爭議的討論依舊持續，並沒有落下帷幕，但專家都一致認同，如果你想要研究「社會性演化」的過程，沒有比研究蜂的生活要更合適的了。

對其他較為人所熟知的群體，真社會性的生活模式只發生過一次轉變，並且是在極其遙遠的古代。從那時候開始，所產生的後代幾乎都按照同樣的模式生活著。一億四千萬年前，白蟻從獨居性的蟑螂祖先演化而來，而螞蟻則在那之後不久，從獨居的胡蜂演化出來。如今，這兩支系加起來，囊括了估計有兩萬五千種高度社會化的物種。如果我們接受威爾森的觀點，認為靈長類人屬在三百萬年前就跨越了「真社會性」的門檻，並從未走回頭路（即使其中一些成員確實花了大量的時間獨自待在陋室中寫書）。然而，對於蜜蜂和某些胡蜂來說，這個故事卻有著完全不同的面貌。著名昆蟲學米契納經過一生的研究，對這個問題保持極度謹慎。當他嘗試總結真社會制度在蜜蜂中演化的次數時，他寫道：「顯然，並沒有現成的答案。」[12] 蜜蜂及其近親顯然是社會性的，但其他群體似乎也曾經發展出這種習性，然後卻又放棄了；還有一些群體如牆頭草，會一而再，再而三地改變其社會性狀態，讓人難以定義。實際上，即使在同一群體中，甚至同一隻蜜蜂的社會性行為在季節變化中也會有所改變。米契納的結論是：「這問題問錯了。」暗示我們手上最有趣的問題，其實要更為基礎：為什麼蜂在最先開始的時候，會展現出如此變化多端的社會行為光譜呢？

如果我早幾年開始提筆寫這本書，我便可以直接問米契納這個問題。米契納以平易近人而聞名，一直忙於研究到二〇一五年辭世，彼時他已年屆九十七歲。反之，我走的是大多數對蜂感到好奇的人一再踏足的道路。這有點像是《凱文貝肯的六度分隔》的桌遊，在遊戲中，影迷試著在六步或更少的步驟中將好萊塢裡的任何人與凱文貝肯聯繫起來。而在蜂的世界裡，要與米契納建立連結，並不需要那麼多層關係。我已經與他的兩位研究生說過話了——米契納分別在一九五零年代和一九九零年代，先後擔任洛曾與恩格爾的博士研究審查委員。現在，我再進一步去拜訪他學生的學生，這位知名的昆蟲學家在對昆蟲有所認識之前，就已開始對社會性的演化進行思考。

「我本來是主修歷史與語言學。」布萊迪跟我說，並描述了他早期對人類社會發展的著迷。直到讀了一本關於螞蟻的書，他才將注意力轉向昆蟲，那時他意識到我們對於昆蟲的演化，以及牠們自身複雜社會性的起源知之甚少。他回憶說，「那時候我想，我可以做得更好！」而這次職涯轉變的決定，讓他迅速由研究螞蟻轉向研究蜂，並在康乃爾大學跟米契納的學生丹福斯從事博士後研究。現在，他在華盛頓哥倫比亞特區的史密森尼自然史博物館擔任部門主任，幾乎是命中註定似的，他一來便負責了隧蜂一組，而隧蜂的獨特社會習性，正是米契爾歷久不衰的熱情所在。

「不知道這裡面有些蜂，是不是查理・米契納自己收集的。」當我們往一個裡面滿是黑黑小蜂的盒子裡探看時，布萊迪這樣說著。我們站在一排排白色滑輪儲物櫃之間，這些櫃子可以靠地上的滑軌移動。這個設計限制了我們一次只能夠使用一側窄道的櫃子，但也讓整個室內的儲存空間增大了一倍。畢竟，要收納與儲藏這室內超過三千五百萬件的標本，利用空間是實在必要的。雖然這些蜂同屬於全世界最龐大的昆蟲標本收藏之一，我們討論中的這些蜂卻個頭渺小到無法被昆蟲針固定。所以，牠們的身體被精心地黏在昆蟲針的側邊，一排排看起來幾無分別。連米契納都承認，牠們的外觀「形態單調」。[13]不過，讓這些蜂與眾不同的，是牠們的生活形態。

「我們已經知道氣候會影響牠們的社會性。」布萊迪說著，繼續解釋我們正在看的這些物種，在分布範圍較冷的地方是獨居性的，卻在南邊因為溫暖的氣候延長了築巢時節，讓「母女」有機會互動，從而成為「真社會性」的蜂。稍後，他給我看一張熱帶蜂種的照片，照片裡可以見到母蜂生產出兩隻個頭大小不同的女兒。個頭小的留在巢中當幫手，而個頭大的，被餵得飽飽的，就離開巢穴去繁衍孫代了。在其他情況下，母蜂可能在季節之始養出一窩全是雌蜂的「社會性」後代，然後自己死去，將產生雄蜂、繁衍與分散建立新巢穴的任務，留給牠的女兒。雖然沒有哪種隧蜂達到像蜜蜂那樣著名的精緻複雜的蜂巢社會，但數以百計的隧蜂卻也展示出利他主義和多代同堂的特點，正是「真社會性」的標誌。牠們的演化，也有助於解釋為什麼蜂群體發展出如此多元的社會行為，並且這種演化的頻率比所有其他昆蟲的加總還要高。

「我們知道牠們的築巢行為與此有關。」當我詢問布萊迪為什麼隧蜂似乎如此極度傾向社會性時，他解釋說。「牠們喜歡的築巢地點通常都蠻特別的，通常都是一小塊的侷促之地。」他解釋說，這迫使牠們必須在一起生活。「所以牠們也只好學習如何和彼此好好相處。」不過，雖然這種社群式的生活方式很重要，但並不一定會導向社會性。畢竟，格里芬的泥壺蜂，也是在蜂箱裡比鄰而居，卻很少互動。或許最重要的因素不是無親緣關係的雌蜂之間發生什麼，而是牠們的女兒之間會經歷什麼。是什麼驅使牠們（至少偶爾）選擇留下來幫忙照料窩巢，而非離開並自行繁衍呢？布萊迪形容這類行為的起源難以追究，但他指出這樣的繁殖系統與胡蜂和螞蟻相同，至少讓這種行為的起源有跡可循。因為雄性是從未受精的卵中產生的，降低了同窩孵出的遺傳變異性，讓同「窩」中的姊妹有著特別親的親緣關係。[14]從基因學角度來看，這讓利他行為有更大的回報——即使放棄自身繁衍的機會，幫助你的母親與姐妹繁衍下一代也能傳承大部分自身的基因。

「在這些蜂身上，『社會性』似乎是時隱時現的。」布萊迪後來提到，解釋了這行為如何在兩千萬年前，在兩、三次不同的情境下獨立地演化出來，並在這個「科」裡，擴散到兩個最大的「屬」當中。然而，之後的一系列後代卻至少失去這性狀十二次，並且「返祖」至獨居的生活方式。這種情況和其他昆蟲（如螞蟻與白蟻）截然不同，在這些昆蟲身上，「真社會性」的群體行為只經過了一次的演化，然後就固定不變。在布萊迪關於這個議題的一篇主要論文中，他與共同作者一起提出，隧蜂對於這場社群互動的遊戲來說是個新手，因此牠們的行為習性還在持續變動中（兩千萬年對於演化的時間軸來說，其實並不長）。「但從另一個角度來看，這也可能源自於我們尚未明白的一種新因素。」他沉思地說道，眼神瞬間閃耀起來。看著布萊迪思考，你會明白他有著一位真正科學家對反駁論點的熱愛，就像一位律師對反證證據有著壓抑不住的好奇心。「或許，遺傳學數據裡會有些不一樣的東西出現，一些突然轉變的『怪癖』之類的，讓牠們能夠在社會行為上保持如此彈性。」

我們從昆蟲標本收藏室移步到他的辦公室，這是個簡單無華的空間，只有一扇窗戶，外面是一堵空白的牆壁。但四處散落的各種物品卻說明了「研究正在進行」——各種標本盒子、滿架子的試管、堆積如山的文件散落在辦公桌、茶几、椅子上。牆邊的書架上堆滿了書籍、更多的盒子，還有兩個讓我眼睛一亮的吹風機——這是讓溼濕、毛茸茸且凌亂的蜂標本恢復蓬鬆的必要工具。布萊迪看起來有些疲憊，在我們談話期間，他好幾次疲倦地揉了揉眼睛。作為大型昆蟲部門的領導，行政工作的負擔占去了他越來越多的時間，甚至最近，迫使他不得不取消一次本來都差不多要定案的南非採集之旅。然而，當我問到他的研究團隊正在進行什麼樣的研究時，他的眼神又亮了起來，並告訴我一項雄心勃勃的遺傳學計畫，該計畫打算分析收藏中的大部分蜂和黃蜂。一旦研究完成，根據化石證據確定的系統樹，將能有助於建立各種不同蜂種及其行為習性的發展進程和時間。「這就像是回到十九世紀去成為一名自然學家一樣。」他一邊說著，一邊描述這個新開發的遺傳學工具的潛力，「我們現在就像在進行一次大型的航海遠征」。

我離開布萊迪辦公室時，雖然已更了解一些，但仍對蜂的社會複雜度感到困惑。或許，米契爾的看法是對的。要得到最好的答案就是不間斷地繼續提問，而這也正是布萊迪還有其他專家學者所在做的事。或許，隨著遺傳學的研究與更多的化石出土，蜂的社會性演化路徑（以及牠們未來的可能走向）會變得清晰。目前，我們知道，每當獨居蜂在相鄰的地方築巢時，便已經為彼此間的互動建立了舞台。通常情況下，這些互動並不會帶來任何變化，但有時候，牠們會開始合作，偶爾，一隻雌蜂會選擇留在家中幫助母親。如果這些初步的嘗試成功，並進一步產生影響，結果可能會非常驚人。

在博物館擁擠的二樓，我穿過一群群的學童和一長排等待進入活蝴蝶展區的人群。最後，在一個名為「昆蟲動物園」的角落裡，我找到了一個小型的展示蜂巢，這裡展示的是許多人認為是地球上最具社會性的生物，蜜蜂。無數的科學研究生涯、無數的書籍和論文都致力於描述蜜蜂的習性——一個能繁衍後代的蜂后如何育女成群，形成有組織、以任務為基礎的分工社會，分門負責採集食物、防衛、清潔、製造蜂蜜和照顧正在成長的幼蜂。時值十二月，蜂群似乎已經被轉移到其他地方了。唯獨只見幾隻死去的工蜂和一些乾掉的蜂巢。上次我在夏天時節來參觀時，蜂勤奮地忙裡忙出，透過長長的、連通到外頭世界的塑膠玻璃管子，到占地三百英畝的國家廣場裡，享用滿廣場盛開的花。在這麼多花粉和花蜜的供給下，一個蜂巢可以輕易地擴張到超過五萬五千隻個體，倒是個支持真社會習性的好例證。有十一種蜜蜂和數百種近親的無刺蜂遍布於南歐、亞洲、非洲、澳洲和熱帶地區，都有著各自的社會性生活方式。無論是馴化的還是野生的，這些高度社會化的物種常常是我們在自然環境中最常見的蜜蜂種類，牠們不僅作為重要的傳粉者，還是蜂蜜的生產者（供養著賊鳥、哺乳類慣竊，還有蜂巢裡的蜂群）。威爾森形容這類生物的蜂窩與蜂巢，是蜂后生活形態的一個熱熱鬧鬧的延伸體，以社會科學家所驚嘆稱之的「超個體」模式，彼此合作著。

有了如此這樣的驅使，「社會性」在演化之路上出現不只一次，似乎也就不足為奇了。演化就像這樣，毫不厭煩地老調重彈，就算是在不同的情境底下，也時常一次又一次地，用同一套「創新過的」舊把戲作為解決之道。蜂的棲所有著巨大的多樣性，不同程度的獨居、共同居住，到社會化生活，各有勝場。在演化的歲月裡，各族群蜂也都在不同的生活形態之間游移擺盪，好讓每個時候的生活形態，都最能符合當下的利益。這一切，都完美地說得通，但卻還是留給我一種隔靴搔癢，很基礎的問題沒解決的感覺：如果蜂族自己是這麼的成功，那為什麼在這大千世界裡，成千上萬種的蜂種在生態裡扮演著關鍵角色，以花粉為食的習慣卻沒有再演化出來過了呢？為什麼所有的食肉胡蜂嗡鳴了百萬年，卻獨獨那一族，做出了轉型為素食者的重要轉變呢？我決定把這個問題丟給恩格爾，而他也秒回了他的答案。

「克倫拜恩種（Krombeinictus）！」他熱情地說著，並引導我去看一篇關於一種小泥壺蜂的研究論文，這種胡蜂在斯里蘭卡的山區中，過著類似蜂的生活。這篇學術文獻已經發表超過二十年，而且鮮少被人引用，但憑藉著幸運和不屈不撓的功夫，終於讓我找到其中一個共同作者的聯絡方式。她跟我說了一則大膽無畏的科學發現傳奇，傳奇裡的首獎是一個和所有已知的泥壺蜂都表現得不一樣的新物種。她的故事不經意間也揭露了蜂和維持其生命的花之間重要的演化關係。

蜂與花

你無疑知道，

蜜蜂的生存依賴花朵；

但你是否明白，

許多花朵的生存同樣也依賴於蜜蜂？

——傑寧斯《關於蜜蜂的書》，一八八八年

第四章　特殊關係

植物學家如果想知道花何時開、何時關，應該先去多多關照蜂。[1]

——梭羅　日記一則，一八五二年

一九九三年的夏天，斯里蘭卡吉里莫麗的雨季來遲了，把原本幽靜的小徑變成了難以通行的泥濘。諾登回憶到：「在那種雨下，如果你想要去任何地方，你要不找隻大象騎上去，否則只能憑著雙腳。」

這場無預警的天氣轉變，讓她原本可以緩慢進行的田野調查，壓縮為幾天的狂亂。她忙著從樹幹分岔處砍下細枝，然後塞進舊的洗髮精瓶中，等待後續的分析。到了一九九七年，憑藉傅爾布萊特獎學金再次回到這裡時，又再度下起了雨，但那時她知道她找對了方向。「當我們開始搞清楚事情的來龍去脈，我們對彼此說，『沒人會相信我們——他們會認為我們是在編故事！』」

那些被諾登帶回美國史密森尼博物館研究室的細小樹枝，來自一種對螞蟻十分友善的豆科小樹。這種樹在接近枝幹分岔的頂端設有空隙，以便螞蟻築巢；此外，它還供給大量的花蜜讓螞蟻飲食。作為回報，螞蟻也會奮勇保護小樹，抵禦任何威脅。值得一提的是，小樹的花蜜並非僅從花朵中分泌，嫩芽和幼葉也有分泌的能力，從而吸引螞蟻來保護那些最容易受到攻擊的部位。當諾登開始探查這些中空的細枝時，她如預期地找到了大量的螞蟻，還有些蜘蛛、彈尾蟲、蜂、寄生蠅，並且在極少數的例子裡，一種黑黑黃黃又泛著紅色的泥壺蜂。而這正是她注意到事情不太對勁的時候。

「那隻胡蜂的幼蟲看起來黃黃的，像是牠們正大快朵頤著花粉似的。」她跟我說著，同時解釋了蜂的幼蟲有時候會因為吃什麼顏色的花，便沾上什麼顏色。但她的同僚和這項研究計畫的指導老師，晚年的克榮彬，卻對這發現滿是質疑。經過數十載的研究，克榮彬在胡蜂領域的聲譽與分量，大抵就是蜂世界裡的米契爾。他發現、記錄下很多新物種，其中許多更是在斯里蘭卡所得。但他從未看過任何類似於此的案例。這窩巢不見任何節肢動物殘骸的「蛛」絲「蠅」跡——不論這些小幼蟲在吃什麼，絕不是一般泥壺蜂配糧裡，麻痺無法動彈的飛蠅與蜘蛛。然後，他們找到另一條線索：一隻雌泥壺蜂口器附近的絨毛上，沾黏著幾顆花粉。再者，把幼蟲的排泄物放到顯微鏡下分析後，發現有大量消化過的花粉。這倒是一槌定讞了——就像那白堊紀難尋的「原型蜂」一樣，諾登和克榮彬所發現的新泥壺蜂，可是隻已然放棄狩獵的獵手胡蜂。

「我們只是剛好在對的地點、對的時間。」當我打電話給諾登時，她謙虛地說。如今早已退休，她似乎還是很開心地追憶起這個用她和克榮彬姓氏所命名的物種：克榮彬屬諾登蜂（*Krombeinictus nordenae*）。她沉思道，「我想，牠們應該是先特化出在樹上築巢，接著，能讓牠們轉向花粉的原因，可就是不勝枚舉了。」一旦在細枝間的生活成為定數，這些胡蜂應該就會發現自己被那些餵養螞蟻的花蜜之源團團圍繞，還有開花季時，那富饒的花粉。這種放棄「獵食」的行為，使得胡蜂能在一棵樹的冠狀部分完成牠的整個生命週期；諾登甚至質疑這樣的情況是否能在其他物種中出現。這也可以解釋為什麼克榮彬十四度踏足斯里蘭卡，都不曾碰到，還有為什麼就諾登所知，在她之後，也不曾有人再採集到類似的標本（即使你特地去尋找牠們，這些胡蜂也是難以尋找——儘管檢查了數以千計的中空細枝，諾登和克榮彬也只找到了九隻成年胡蜂，這麼稀少的數量以至於他們甚至無法抽出一隻進行解剖）。

諾登胡蜂的故事，提出了一個明確的類比與問題。從泥壺蜂遠祖到蜂，改而吃素造就這支族系無與倫比的數大、多樣化與如日中天之勢。既然如此，為什麼克榮彬屬蜂，也做出了一模一樣的飲食改變，卻還是如此稀少地可憐呢？這很可能是因為克榮彬屬蜂的祖先，是在最近才開始採食花粉，而大好前程正等著牠們。確實，克榮彬屬蜂展現出許多類似早期蜂的性狀與行為——個頭小、獨居、只專吃某些特定花。（有趣的是，克榮彬屬蜂也展露出早期社會演化的特徵。母蜂表現出高度的母性關懷，並在開放式巢穴裡把每隻幼蟲撫育到成蟲，使得多世代有機會彼此重疊與合作）。不過，以花粉為食的胡蜂也是很有可能三不五時就冒出來，卻不曾在演化上一鳴驚人。「我絕不懷疑有其他物種也在某處依樣畫葫蘆。」諾登說，「我們只是對其一無所知罷了。」

事實上，的確有另一群吃素的胡蜂，只比諾登所發現的要稍微不那麼隱蔽一點點。胡蜂科裡的虎頭蜂與黃胡蜂，因為會針螫而聲名大噪，但其底下，還涵括了一群花粉食客，也正巧和蜂同時間演化出來，並且自此之後逐漸消聲匿跡。如今，這些「吃花粉胡蜂」在全世界的物種，數達好幾百種，卻不曾成就生態優勢。[2]很少數的人曾經目睹過一隻，就算看到了還能知道此胡蜂之特別的人，就更是少數裡的少數了。（就算是恩格爾在他的昆蟲演化書裡，也只是簡單地提到了這些胡蜂兩句）。所以，單是靠吃素這件事，並無法解釋蜂的崛起。蜂之所以能夠成功，還仰賴吃素的飲食習慣如何改變了牠們，而牠們又如何繼之改變了提供食物的植物。

邱吉爾在一九四六年春天的一次演說中，創造出了「特殊關係」這個詞語，他用這個詞來評論國際事務，給人留下深刻的印象。[3]在同一場演說中，他還引入了「鐵幕」這個詞。邱吉爾所說的「特殊關係」，是指英美兩國在文化、經濟、軍事上的深度共享，使得兩國在眾多的外交聯繫中形成了獨特且無可比擬的聯盟。動物與植物之間，也能建立起這樣的特殊關係，透過生態系統的相互結盟，共同締造了非凡的結果。隨著時間的推移，這些互動關係可以形成共同演化，使得這個共舞的過程中所有的參與者都發生了遺傳性狀的改變。教科書通常將這過程，描繪成兩個巴掌才拍得響、能夠等價交換的事。實際上，這個過程極為複雜，涉及到多種物種和各式環境影響因素，並且會隨著時間和地點的變化而變得更加複雜。生態學家湯普森教了我一個非常生動的術語來描述這些互動：「共演化渦旋系」，就像是在演化自個兒的洪流裡，成型又漂流而走的小漩渦。[4]但即便這些複雜度，眾人

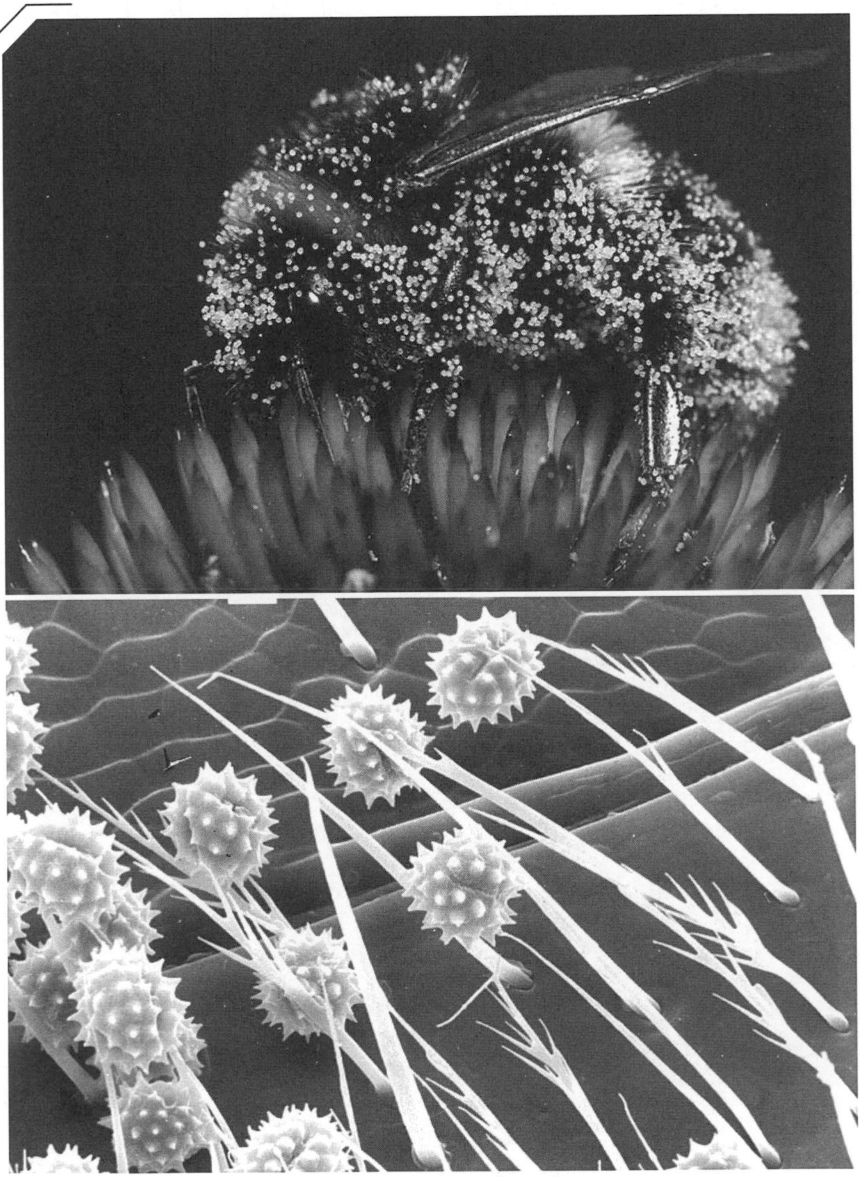

圖 4.1　一隻身上沾滿了花粉的大黃蜂在金光菊（上圖）上覓食。在掃描電子圖像（下圖）中，單個花粉粒附著在蜜蜂獨特的分支毛髮上。

多半還是靠著在主要參與者身上那些比較直接了當的特徵，來指認共演化——跑得更快的羚羊，便會招來跑得更快的獵豹，如此道高一尺，魔便再高一丈地循環不已。而對蜂來說，牠們與花兒久久共舞後，最為明白彰然的結果，倒是可以用一物以蔽之：絨毛。

在童詩裡，蜜蜂的毛茸茸總是被一提再提，因為這和牠們的另一個「聞聲知蜂」的特徵，嗡嗡嗡，是如此完美地押同韻。不過，就算是科學家也常常得仰賴絨毛，來鑑定、描述他們所研究的蜂種。只要對蜂絨毯般的覆毛瞧上一眼，或許就足夠將之和胡蜂區別開來，尤其是在放大倍率底下觀察時，絨毛的特殊質地變得明白可鑑。對胡蜂來說，稀疏的毛髮稀稀落落四散在牠們光潔的身體上，看起來簡單，就像是短而刺的線頭。相反地，蜂的身體，滿蓋著混合了各式的絨毛——有的簡單但有的則像羽毛一樣分岔又輕柔鬆軟。[5]而就像雞毛撢上的羽毛，能夠快速地集結架上或是燈罩上的微小塵粒，蜂身上的絨毛也能如此收集花粉。牠們複雜的表面讓花粉粒有一層滿滿的角落與縫隙可以附著上去，大幅地增加了蜂作為傳粉者的工作效率。只要花上點時間觀察花朵，你就能夠看到這動作的現在進行式——把花粉帶在身上如結花綵般的蜂，通常跟淺啜花蜜的胡蜂一起在附近覓食，而胡蜂光潔的身體依然乾淨如新。然而，若要更精確地檢驗這個猜想，我推薦一個很簡單的實驗，只需要麵粉、一個精確秤盤，和一對恰當的昆蟲。

像史密森尼這樣的自然史博物館，將他們的收藏保存在成排嚴密密封的櫃子裡，這些櫃子是專門用來防範濕氣、害蟲、真菌，或是其他可能會危及儲存於內、標明清楚針插標本的東西。我用了一個小冰箱。任何中型的保冷箱，雖然是設計來冷卻零食與啤酒，只要有關得緊的蓋子（加上幾顆殺蟲丸），也能完美地拿來作為保存蟲子之處。我腦裡的這個實驗，只需要兩件標本——一隻我在砂石坑邊所盯著看的沙蜂變種之泥壺蜂，和一隻體型差不多大小的熊蜂。把牠們並排在我辦公室的工作桌上，這兩隻昆蟲外觀極其相似，蜂很明顯自其胡蜂祖先身上，繼承了許多特徵——相同的基本體態、相似的一對精巧翅膀。不過，胡蜂看起來既長又光滑，只有幾根針刺似的毛髮零星地散在背部與腳處，而蜂看起來肥短，又覆著厚厚的絨毛，就好比冬天裡的小哺乳類動物。（精神分析上，這或許是另一個人類對蜂有著好感的另一個原因：至少，牠們之中的有些種，看起來就像是我們喜歡豢養的動物）。在仔細地秤量各隻昆蟲之後，我把培養皿的底部撒上麵粉，然後把兩隻昆蟲都放進去。

儘管乍聽之下在麵粉裡翻找已死的蟲子似乎是一種對授粉過程極為粗糙的模仿，但我的實驗結果卻出乎意料地有參考價值。麵粉的表現出乎意料地好，它分解成細小的白色塊狀，如同真實的花粉一般，緊緊地黏附在昆蟲的絨毛上。果園主們對此瞭如指掌，他們在人工對棗樹、開心果樹或其他需要高度照護的樹木進行授粉時，常將麵粉與花粉以高達九比一的比例混合（這就如同為了讓更多的人飽餐一頓，給湯添加水一般，這種技術可以讓少量的花粉覆蓋到更大的範圍）。我首先取出了熊蜂。麵粉如同購物中心聖誕樹上的假雪般覆蓋著牠的身體，完美地包圍了每一條腿和每一撮暴露的絨毛。我輕輕拍打蜂，甚至對牠輕吹一口氣，但大部分的麵粉仍然緊緊地黏在牠身上。根據秤的讀數，蜂的體重增加了百分之二十八點五，這對於一個平均體型的人來說，相當於背著一個五十磅（約二十三公斤）的背包。對於一個僵硬、無生命的標本來說，這樣的收獲相當不錯，並不令人驚訝的是，活的個體甚至表現得更好——野生的熊蜂已被觀察到能攜帶超過自身體重一半的花粉。當我將注意力轉向胡蜂時，我發現牠的身上也灑著麵粉。但如果說蜂身上的負載像是厚厚的積雪，那胡蜂身上的則只能算是薄薄的一層，無疑會讓期待滑雪的滑雪客或是任何眼巴巴希望學校停課一天的小孩感到失望。牠的腹部和腿上的尖銳毛髮上只有幾點白色，大部分的身體看起來非常潔淨。我的秤盤，精確到百分之一公克，並未顯示出其體重有任何明顯的增加。

分岔絨毛的演化，為蜂類創造出優勢——能夠提供給幼蟲更多的食物，這在大自然裡，是生存與滅亡的決定性數據。不過這些絨毛，也讓花粉沾得蜂身體表面到處都是，大大增加了至少一些花粉會被梳刷到其他花朵上的機會。這遺傳來的毛茸茸身體總是「丟三落四」，卻也不辯自明地解釋了為什麼蜂能夠百子千孫，其他素食胡蜂卻從未能夠如此興旺。諾登的確在她尋得的胡蜂口部毛上找到花粉，但她懷疑這些胡蜂只是把花粉一口吞下，等回到窩裡後再吐出來，就像其他吃花粉的胡蜂科胡蜂一樣。這種習性，雖然可以養活牠們的幼蟲，卻也淡化了其他外部性狀（如分岔絨毛）的必要性，大大限制了牠們成為花粉傳播者的可能。畢竟，自植物的觀點來看，吸引那些只將花粉無用地帶在身體「裡面」的訪客有什麼意義呢？胡蜂沒有在平衡方程式的這一頭，認真地為植物陣營效力，牠們不過偶爾在傳播花粉的過程裡，成為親密的夥伴。[6]但，卻正是因為來自花界的投資——那些植物為蜂所做的一切——才能夠讓這段關係攜手共同演化。當兩邊陣營都不間斷地針對花粉傳播的成本與報酬做出調適，蜂和牠們的花宿主，才能夠共同存在於一個渦旋系裡，以驚人的速度旋轉出適應作用甚至是新物種。在十九世紀中期，這段關係才導致科學史上最臭名昭彰的一道難題。

雖然蜂很少出現在化石紀錄裡，但開花植物倒是相對常見，而且突然以多樣性之姿，出現在白堊紀晚期沉積床裡，挑戰達爾文所謂演化總歸是緩慢又漸進的論述。在寫給植物學家胡克的信裡，達爾文一言傳世地稱開花植物的崛起是個「令人惱火的謎」。他在信中引述了法國科學家得沙巴達的觀點，後者認為一旦常訪花朵的昆蟲出現並促進了異種交配，高等植物的發展速度會以驚人的方式加快。[7]達爾文和得沙巴達通信多年，他也認同如果植物確實以這種速度演化（在達爾文看來，這是一個大大的「如果」），那得沙巴達的昆蟲理論，的確是對此大哉問的最佳解釋。說到底，這兩個男人，後來都被證實只說對了一半。如達爾文所疑，開花植物的確在白堊紀前就演化，數百萬年裡如老牛拖車般一路磨拖，後來突然激增起來。[8]但得沙巴達的見解，卻對這議題較能以一貫之：開花植物和昆蟲（尤其是蜂）的共同演化之舉，讓開花植物能夠獨霸地表的植物相，並同時讓這些昆蟲有了最能將之識別的特徵。若沒有這段交相互利，我們的花園、公園、樹籬、與草原之景，無論看起來或聞起來都大大地不同。

當朗費羅稱花朵「如此碧藍，又金燦」，他大概沒把心思放到蜂之眼裡的視覺受器，不過他那謬思泉湧的花團裡所盛

圖 4.2　達爾文與法國自然學家得沙巴達進行了多年的通信，儘管得沙巴達的鬍子可能不如達爾文長，但他是第一位提出昆蟲共演化推動開花植物快速演化的科學家。圖片出自維基媒體共享。

行的色調倒非純為巧合。[9]那些顏色，正落在蜂視覺光譜的中央，而花也特地採納這些色塊，來吸引蜂為之傳粉。花瓣顏色的演化，通常都和植物欲讓其花授粉的策略息息相關——從芥菜到矢車菊的色調，若不是有大做廣告的需求，好招募蜂之服務，大概會極度稀少，甚至根本不會存在於世。紫色也同樣會變得稀有，不過，至少還能找到為了誘惑愛吃花蜜之鳥而有的幾抹鮮豔的紅。[10]

氣味也同樣是跟蜂有關的普遍特徵，當惠特曼渴望一座「芳香於清晨」的美麗花園，他倒是說出一個細膩（若非有意）的生物學觀察。[11]許多花卉的香氣，的確在清晨時分最為濃郁，正好是溫度逐漸上升，而飢餓的蜂變得活躍，尋找經過一夜、花裡花蜜滿溢的時刻。對於植物，這是一個授粉作用的完美機會，更是大肆廣告的成熟時機。若在這等式裡沒有了蜂，惠特曼或許就會把他的漫步，改於月光如水之時，好深吸一口那些由蛾授粉之花所散發出來的過濃香氣。或者，他可能從未考慮走進花園，因為大部分的花朵可能會散發出麝香烯和腐肉的味道，以吸引飛蠅和胡蜂（蜂青睞我們覺得值得吟詩的味道，倒可算是大自然讓人雀躍開心的意外之一）。

除了顏色與氣味，許多花朵的形狀也可以追溯到蜂類。雖然圓形的花朵普遍吸引各種尋找花粉和花蜜的生物（包括蜂類），但更多繁複的花朵都懷著「心有所屬」的心思而進行演化。從昆蟲的角度來看，圓形的花朵可以從任何角度或方向接近，殊途同歸，這種「來者不拒」的展示常常吸引一大群訪客。如果莫內在他的向日葵靜物畫中包含了傳粉者，他就會發現自己忙著在畫中加入各種蜂類，以及飛蠅、蜂蠅、蝴蝶、黃蜂和甲蟲。然而，不再呈圓形的花朵卻可以更挑剔它們邀請的對象，以及它們存放花粉的地方。如豌豆花的寬旗狀，或金魚草的唇狀管，都是植物學家所說的「兩側對稱」（zygomorphic）。這個詞源自希臘語中用於鏈接兩頭牛的「軛」。如同雙獸馬具一樣，這些花朵展示出雙邊對稱，這個概念也可以從我們自己的臉中看到——從頭頂畫到下巴，一邊就是另一邊的鏡像。對於花朵來說，這種設計創造出清晰定義的側面以及明確的上下感，要求它們的訪客以特定的方式進入。一

圖 4.3　若是莫內在他的靜物畫中加入了傳粉者，那麼左側的圓形向日葵頭狀花序將需要各式各樣的昆蟲，包括各種蜜蜂、蒼蠅、黃蜂、蝴蝶，以及甲蟲。而對於右側特化程度更高的鳶尾花，他只需要描繪熊蜂即可。圖片來源：維基媒體共享。

且這項任務達成，花的各個部分便能發展出種種的適應方式，在特定地方把花粉輕輕拍揉上特定形狀、大小的昆蟲上。但是，植物只有在它們的花粉能夠確定好好地黏附在它們所偏好的對象上時，才能採用如此具有針對性的策略，這也讓蜂坐穩兩側對稱花朵最常召喚的訪客。相較於他的向日葵，莫內會發現在他的黃色鳶尾花上描繪傳粉者要簡單得多，因為熊蜂實際上是唯一能夠完成此任務的昆蟲。鳶尾花具有深深的管道和直立的方向，迫使蜂必須在指定的平台上著陸，並經過一個寬大且充滿花粉的雄蕊，如同一位專家生動地描述，它「恰到好處地適合熊蜂的背部表面」。[12]花的雌性部分也在那裡，確保蜂會在下一朵鳶尾花上將其花粉負載放置在完全正確的位置。

當獨特的花朵結構一而再、再而三地演化出來，好吸引特定一群授粉者時，植物學家稱此為「授粉徵狀」。這可以包括很普通的性狀，像是花朵形狀與顏色調性，也可以非常獨特專一，像是氣味的化學分子組成、讓花蜜甜蜜的糖類種類。例如，蜂鳥喜歡紅色、管狀且含有蔗糖的花朵，這種特徵在如金銀花科、薄荷科、玄參科、毛茛科和槲寄生科這樣的植物家族中分別獨立出現。其他的花卉模式適用於從蝙蝠（淡色、夜晚盛開、裸露）和蝴蝶（大型、色彩豐富、芬芳）到有袋類（毛茸茸、堅韌、沉悶）的各種生物。儘管總是有例外，且許多花卉可以吸引多種群體，但授粉徵狀對於預測植物和動物之間的互動非常有用。例如，了解蛾的花朵習性，讓達爾文能夠預見到馬達加斯加有一種長舌種，這比該物種被發現的時間早了四十年。達爾文從未到過該島，但當有人送給他一種來自馬達加斯加、芬芳而白色，帶有一尺長、充滿花蜜的尾刺的蘭花時，他立刻認出，除了特定的長舌昆蟲，別無他物能夠進行授粉。他立刻寫信給胡克，描述所見之花，並加上一句：「吸食它的蛾必須有一根多麼長的長舌啊！」[13]

作為所有授粉者中數量最豐富、類型最多元的群體，蜂所能接觸的花朵類型極為多樣，並不受形狀和顏色的限制，甚至能巧妙地潛入對其他物種更適合的花朵。比如說，儘管大部分蜂無法識別紅色，但牠們仍可以根據花朵的形狀，以及花朵與周圍葉片色調的對比，辨認出許多蜂鳥偏好的花朵。實際上，能夠吸引蜂的特徵範疇如此廣泛，以至於很難精確地定義出單一的「蜂之特徵」。一旦蜂從這個系統中消失，花朵將失去我們視為理所當然的許多吸引力特徵，這對於啟發笛福書寫小說《魯賓遜漂流記》的那位荒島水手，應該是再明顯不過的事。

一七〇四年，當賽爾科克要求讓他在費爾南德斯群島上岸時，他以為其他船上組員會跟他一起拋棄船長那艘漏水又被蟲蛀的船。[14]結果沒有人跟他一起，他發現自己獨自一人，形單影隻地在太平洋上一座冷颼颼的岩島上，離智利海岸四百英里（六百五十公里）。歷時四年的苦難挑戰，賽爾科克沒有留下日記，但據報導指稱，他後來對荒島生活變得十分老練，甚至可以徒手追獵島上的野山羊。

圖 4.4　《魯賓遜漂流記》的插圖經常以豐富繁茂的熱帶植被包圍著的漂流者為畫面。然而，事實上在這部故事的靈感來源——某座島嶼上，大部分的花朵都因為幾乎完全缺乏蜜蜂而顯得簡單樸素。這張插圖由 Alexander Frank Lydon 為丹尼爾・笛福的《羅賓遜漂流記》所繪，創作於 1865 年，圖片來自維基媒體共享。

如果，賽爾科克的採集技能和他高超的打獵一樣有本事的話，他必會對植物相十分了解，或許也曾經好奇過為什麼幾乎所有遇到的花都又小又圓、又綠又白。[15]

和其他遙遠的群島一樣，大洲的植被慢慢侵占了費爾南德斯群島。然而，儘管現在該群島已經有超過兩百種植物物種，棲地從草原變化到茂鬱森林都有，但島上僅有的蜂種類就是一種小型且稀有的隧蜂，據推測可能是近期從智利海岸遷徙而來。該蜂並未在授粉中發揮顯著的作用，這意味著在過去的數百萬年中，自這些火山岩石首次從海底升起以來，任何依賴蜂授粉的植物要不是未能在此建立生存基地，不然就是已將授粉模式入境隨俗地調整為以靠風與鳥類為主。令人驚訝的是，有多達十三個不同屬的植物已經學會了如何做到這一點。一些植物將自己的花朵拉長，更適合蜂鳥的喙，而其他現在依賴風力授粉的植物，則透過繼續大量生產花蜜（一種本來為蜂提供的獎勵）來透露其依賴授粉者的根源。[16]費爾南德斯群島的植被，是在「無蜂」之境下發展建立而成，而那單調的綠白花兒，也自證了無蜂世界之貌。然而，同時，至少有一部分新來的植物能夠迅速改變其授粉策略，這也說明了蜂和花之間的關係如何實際運作。

任何有關共同演化的討論，總是很快地陷入哲學家所謂「因果律兩難困境」的難題中，這讓我們不禁想到那個著名的問題：「先有雞，還是先有蛋？」以蜂與花為例，我們明白這兩方都擇定合適的時機共同抵達派對現場，準備展開他們的共舞。蜂體上的分岔絨毛在演化初期就使牠們對花粉產生了喜愛，就如布萊迪對我所說：「所有的蜂都有這些特性，因此這些特性肯定與蜂的歷史一樣悠久。」[17]從植物的角度來看，植物一直在和昆蟲進行「試婚」，使用花蜜或更直接的手段——可食用的花，以吸引潛在的「追求者」（這些策略至今仍然存在——以莫內聞名的睡蓮為例，即使他的花園裡從未出現過一隻蜂，這些睡蓮也能繁盛生長，因為其授粉者還包括了體型較小且食花的甲蟲）。由於缺乏化石證據，我們無法倒轉時間，看看蜂與花共舞的第一步如何自然而然地展開，但近代研究顯示，通常是植物帶領舞蹈的先鋒。例如，當研究人員將猴子花從粉色調整為橘色，訪問的授粉者在一代之內就由熊蜂變成了蜂鳥。[18]南美洲的矮牽牛花也進行了類似的實驗，改變一個基因的活性，就可以將蜂換成天蛾，反之亦然。[19]這些結果證明，在花的演化中，相對簡單的微調就能在選擇授粉者上產生天翻地覆的變化，這也改變了一些學者對蜂與花關係的解釋。

翻開生物學教科書裡相關的章節，你幾乎百分之百會發現授粉作用以生靈活現的字彙闡述著：花兒提供花蜜作為「酬勞」來犒賞其「貴人般」的訪客。科學家把這種互惠稱作「互利共生」，也是生物學上的雙贏。但如果更深入研究一點點，你會注意到有些研究人員使用更清晰的語言，諸如「操弄」、「剝削利用」這類的詞彙。這是因為如此盛大的花兒盛宴，並非純出自樂善好施。以花蜜為例，製造花蜜對植物耗損極大，而植物也絕非像裝盆萬聖節糖果一樣雙手奉上。大部分的花兒都有施「蜜」的既定日程、地點與數量，能夠精確指使蜂何時來訪、何處而去、訪程又歷時多久。而且，就算花蜜的確含糖，那通常也不過僅只夠甜到讓蜂覺得一訪夠本，遠遠不及蜂所偏愛的濃度（畢竟，當蜂自個兒下廚時，人家可是釀蜂蜜呢）。[20, 21]操弄授粉者的計謀之廣與新奇，是讓人驚詫的。有些植物會在其花蜜中加入咖啡因，讓蜂能記住並重複訪問，這就像是習慣一樣。將花蜜藏在中空的花萼或管狀結構的底部，迫使蜂要將頭深深插入才能抵達，這樣在途中就必須經過花藥和雄蕊。其他的花則使用花粉或可食用的油作為誘餌，並且通常將其隱藏在小孔或囊袋中，迫使蜂必須在那裡搖晃或刮取才能獲得獎品。形狀像垂飾掛著或如筆直伸展的花朵，經常利用支撐面或者降落平台，來精確地調整蜂的降落位置，這時候，甚至細微的紋理也擔任重要的角色。不若位於植物其他處部位的細胞，在花瓣上的細胞是錐形的，尖尖的頂端矗立著。如果在實驗室裡我們將這些微細的結構去除，當蜂落在花朵上時，牠會開始滑動並且舉足無措，就像是一隻在硬木地板上奔跑的狗。那些能影響蜂的花朵特徵，就像蜂傳粉一樣，既多元又廣泛。然而，可能沒有其他的植物群能像蘭花那樣，更有創造力地掌控它的訪客，有時候蘭花甚至直接用奸計得逞。

在我居住的那片常年青綠森林裡，當春天來時，總是一種遍散的粉紅小個兒蘭花先報到，名喚為小布袋蘭。這些拇指大的珊瑚亮彩盛開之時，恰是第一隻熊蜂蜂后自冬眠中甦醒、開始覓食之際。這種蘭花散發出迷人的香味，看起來就像是完美的蜂之食，有著寬闊的降落區，向蜂召喚招手的條紋，還以成對、窄狀的花距宣揚著花蜜的許諾。有些變種甚至還擁有花藥般的細毛，閃耀著看似花粉的黃光。但這全部的作態，全是詐術一場，任何被引誘而來的蜂，除了得到兩團黏在背部的花粉，將一無所獲。花粉無法取用，而且被封黏塞妥在小包裹裡，對於蜂而言是毫無用處。但如果這隻蜂又被同樣的招數再騙一次的話，這花粉團的擺放可是能夠完美地送達到下一株小布袋蘭上。事實上，蜂很快地就學會對這些騙術花避之唯恐不及，但當單一蘭花能夠產出數十顆甚至成千上萬顆細小種子的時候，即便只有一點點的授粉，也足以產生深遠的影響。另一種開於春季的仙履蘭，更是把這騙術更加爐火純青，先以香氣引誘蜂，然後在深深的口袋狀唇中暫時困住牠們。失去方向的蜂會被引向花朵後方的透明「窗口」，並在那裡找到狹窄的逃生路徑。當蜂在爬出的過程中，花粉就會被存放（或接收）下來。

在所有的蘭花裡，足有三分之一均仰賴某種形式的詐欺以達傳粉目的；即便是那些童叟無欺、獻酬有禮的蘭花，也時時讓蜂暈頭轉向方能得之——像是蜂得用前腳懸吊著、游過水坑，或是滑下像溜滑梯一樣的通道。以上這些事情，美國熱帶地區的雄性長舌蜂不僅樣樣都做了，甚至有過之而無不

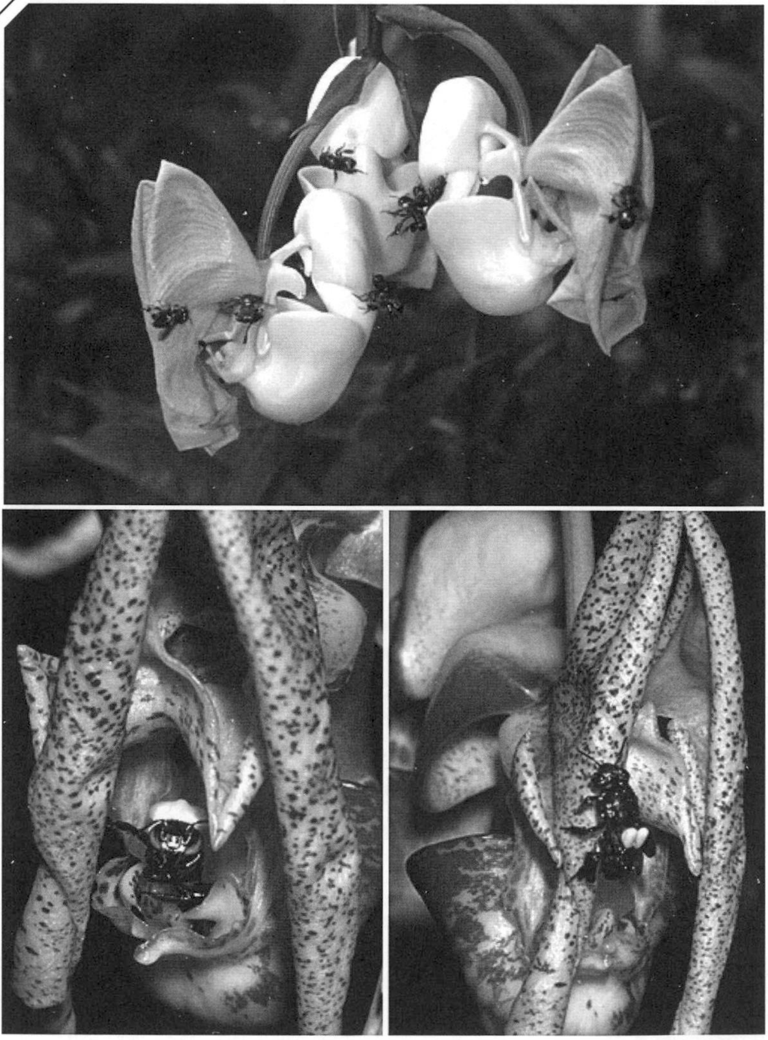

圖 4.5　中美洲的雄性長舌蜂圍繞著帽花蘭屬（*Coryanthes*）的奇特蘭花（上部）。在蒐集用於交配儀式的香氣滴的過程中，這些蜂會滑落並掉進充滿液體的花桶裡，牠們必須在那裡努力游動長達三十分鐘，才能找到隱藏在花朵後方的逃生出口。當牠們成功爬出並自由時，花粉已經沾附（或接收）在牠們的身上（左下）。牠們在逃脫後休息並烘乾自己以準備飛行之時，我們通常可以清楚地看到牠們身上的花粉包（右下）。照片由 Günter Gerlach 攝影。

及，但這隻蜂造訪蘭花不是為了花蜜，而是為了採擷在其交配儀式裡扮演要角的花漾香氛。[22]數以百計的各式蘭花產製獨特的花香，好吸引特定種類的蜂造訪；而這些蘭花為了花粉傳遞，也在結構的精巧上煞費苦心，其形狀與大小也都恰恰只能容納那些種類的蜂，更加強化了花與授粉者之間的聯繫。而結合了花香與交配的謀算，亦使蘭花心計裡最離奇之詭策現形，此種欺騙手段之於早期的觀察家來說，或許太過奇幻，又或者太不適切，以至於難以納入考量之列。在十九世紀自然史蔚為風潮之際，只有一位小有名氣的業餘愛好者隱約提到了這個真相。

如同他的父親與祖父，普萊斯牧師在英格蘭南部肯特郡利明奇教區擔任教區牧師，被授予聖職也是教區主任。他的職位讓其生活體面，還有足夠充裕的閒暇能漫步於鄉野，追求他所酷愛之事：稀罕不常見的植物。身為植物學家，普萊斯因重新發現桔梗科裡一不尋常成員，還有觀察到蜂普遍會「攻擊」二葉蘭屬蘭花而揚名。確實，二葉蘭屬的花一直都是讓人感興趣的主角，奇異古怪的花型狀似昆蟲之身軀、翅翼，甚至是觸角。但在此之前，從來沒有人提出如此主張；當達爾文聽到這一說法時，他也深感困惑，表示：「我無法推斷這（普萊斯的觀察）意味著什麼。」[23]由於科學的忽視與維多利亞時代的禮節，這樣的觀察在超過半世紀的時間裡沒有人敢於進一步探討。但到了一九三零年代，從法國到阿爾及利亞，多項研究都得出了同樣的結論：蜂並非在攻擊這些花朵，而是在與它們嘗試進行交配。

對兩葉蘭一屬的蘭花而言，異花授粉的成功與否，端賴三道奸巧的詭計欺詐。首先，它需要使用一種能夠完美模仿準備要交配的雌蜂氣味，來吸引雄蜂（或者在某些情況下，雄胡蜂）。接著，其狀似昆蟲的花型讓雄蜂飛撲過去一把牢牢抓住，胸有成竹地認為自己找到了大小、形狀與氣味都絲毫不假的真貨。為了完結這場騙局，花緣邊濃密的細毛賦予了毛茸茸雌蜂般的觸覺印象，誘發雄蜂的最後行動——在科學上被冠上一個難以忘懷的稱號：假交合。等到這不疑有他的追求者明白了所犯之誤，兩包裹的花粉團早已小心仔細地放到了牠的頭上或是腹部，準備就緒，只待下一次牠又被生理慾望衝昏了頭之際，就能送達下一朵花兒上了。

就蜂而言，牠們為花傳粉並非出自慷慨之義，也非某種對植物的迷戀。牠們就只是單純想要花蜜、花粉，或是其他擺在交易上的誘惑之物，並且會以最有效率的方法獲取之。舉例來說，短舌熊蜂絕對會毫不猶豫地嚼穿耬斗菜花距或是金銀花的花朵，好直搗花蜜，徹底繞過花朵精心策畫的授粉策略（一旦有洞口產生，各種其他蜂和昆蟲很快就學會利用它）。蜜蜂在芥菜身上也以此道而行，雖非嚼穿一個孔洞，卻也是從花的背後偷襲，在花瓣之間的空隙戳入舌頭。這種「蜂式」手法的竊盜，以至於一些植物學家認為這推動了密集花簇的演化，如三葉草、薄荷和紫苑科成員等，它們具有保護

圖 4.6　此圖呈現了二葉蘭屬（*Ophrys*）的蜂蘭如何巧妙地模仿雌性蜂的氣味和形狀，誘使雄性蜂在試圖與它們交配的過程中無意識地為花朵授粉。從左上順時針方向依序為：O. *bombyliflora*、O. *lunulata*、O. *insectifera*、O. *cretica*。這些照片由 Orchi、Esculapio 和 Bernd Haynold 提供，出自維基媒體共享。

性的背面和基底。對於不採集花粉的蜂，諸如上千種習慣不勞而獲、吃自來食的「布穀」蜂物種，就更沒有演化上的推力來佯作曲意逢迎。牠們仍然從花兒處取走花蜜，但許多個體都棄之用絨毛擷採花粉，而演變為不單是光滑、有如胡蜂一般的體態外貌，更在授粉一途上，也像胡蜂一般的毫無效率。

即使蜂類在收集花粉時，的確由花之大門正面進入花朵，牠們也絕非為了日行一善而傾身相助——授粉作用總是一種結果，而不是意圖。牠們的利益在於高效地收集和運送花粉，這與在牠們下次訪問的花朵上隨意散播花粉的行為形成鮮明對比。像蜜蜂、蘭花蜂和熊蜂這樣高度演化的蜂類，會仔細清理身上的花粉，將其與花蜜混合，然後包裹在牠們後腿上的密實、黏稠的花粉塊中。雖然這種技巧非常適合將花粉從花朵運送到蜂巢，但對於途中訪問的花朵來說，這些花粉是無法利用的。這些蜂對傳粉仍有價值，但只是無意間的，因為牠們在清理花粉時可能遺漏了一些，或是牠們無法看到背上的花粉。從演化的觀點來看，蜂和花的關係確實很特殊，但是在絕對沒有情感的情況下：蜂將花朵視為資源，而花朵則將蜂視為便利的工具。像這種赤裸的欺騙和純粹的欲望在假交配中體現得最為明顯——所有那些「攻擊」蘭花的雄蜂在傳粉方面都表現出色，卻甚至沒有意識到牠們已經流連過花叢。

歷史無法明說普萊斯牧師是否曾經意識到他對蜂所做出的觀察有多重要。然而，現在的專家們已經開始藉著二葉蘭的例子，來理解授粉策略如何導致新物種的產生。這個例子是相當適切的，因為即使蜂和開花植物如何能同時崛起的問題可以追溯至達爾文和得沙巴達的時代，但要證明兩者之間的關聯卻被證實是出乎意料的困難。任何特定的蜂和植物互動通常都發生在一個包括多種傳粉者、模仿者、競爭者、害蟲以及其他因素，在動態環境裡相互牽動的脈絡底下。這讓我們幾乎無法從個體適應的平凡環境中，將共同演化的影響單獨區分出來。時間框架的挑戰也不容忽視。二葉蘭大約每隔十幾萬年就有三到五次的機會，演化出新的旁支族系，這使得它們的多樣性增加速度勇冠至今為止研究的所有植物。但由於研究生平均只在一個研究計畫上花費兩到四年，科學家整個研究生涯也在短短十年內眨眼一過，所以物種分化無法確實地在現實中進行研究。因此，大部分的研究還是保持在理論層面，依賴廣泛的演化趨勢、模擬和授粉綜合特徵所提供的大量間接證據。直到最近，才有基因遺傳學和傳統方法結合的研究，顯示出新物種是如何由傳粉者的互動而產生的，而專門研究的二葉蘭的花朵就是這項研究的主要案例。

也是自此時起，有關蜂與植物科學文獻開始聽起來像是一部喪屍啟示錄小說，滿是諸如「突變」、「輻射」一類的字眼。但不若恐怖小說與科幻小說的作家，生物學家使用這些詞是具有正面意涵的。突變不過是在基因密碼上隨機、可以遺傳至後代的改變，並且有時候能夠影響到顯而易見的特徵，像是一朵花的香氣。突變提供了大部分在演化上有所必要的變異，而有利的突變有時可以觸發新形態的快速繁殖。這過程也叫作「輻射」（radiation），是取光芒萬丈之感，那新的物種好比是從一輝煌壯麗的光源所發散四處的光束。二葉蘭科裡的遺傳學研究顯示出微小的突變便能夠快速改變花香氛味的產製，吸引到全然不同種類的雄蜂。而這新到訪的蜂也旋即提供生產新物種的關鍵元素——生殖隔離。因為牠們不被帶有元老氣味的花朵所吸引，牠們便只會在新式蘭花之間採集、運送花粉，立即把這些植物推上分離開來的演化途徑。這連繫裡獨斷獨享的特性（因為沒有其他的授粉者），自成一格成為不常見、沒有二話的演化故事：新的氣味造成新的蜂，再造成新的物種，而只要蘭花有機會開發出新的多樣性蜂族，必也伴隨著適應性輻射的發生。[24]

二葉蘭科的例子突顯出了特化現象——這是導致新物種產生的主要機制之一，背後的動力來自於與授粉者之間的關係。每當一組物種間的互動進化到非常獨特的程度，其中的植物或蜂不再與其他同類混合，新物種便有可能浮現。二葉蘭科體現了這一平衡等式的一端，揭示了蜂如何能夠驅動植物的多樣化。反過來說，植物也有潛力創造新的蜂種，但要達到這一目標，它們不僅需要改變蜂的取食方式，還需要改變蜂的繁衍方式。例如，地花蜂屬下的雌性礦蜂常會對特定的一種花朵展現出強烈的偏好，從而使該花成為其雄性同類能確定找到牠們的地方。如此一來，花朵便轉變成了一個篩選標準嚴

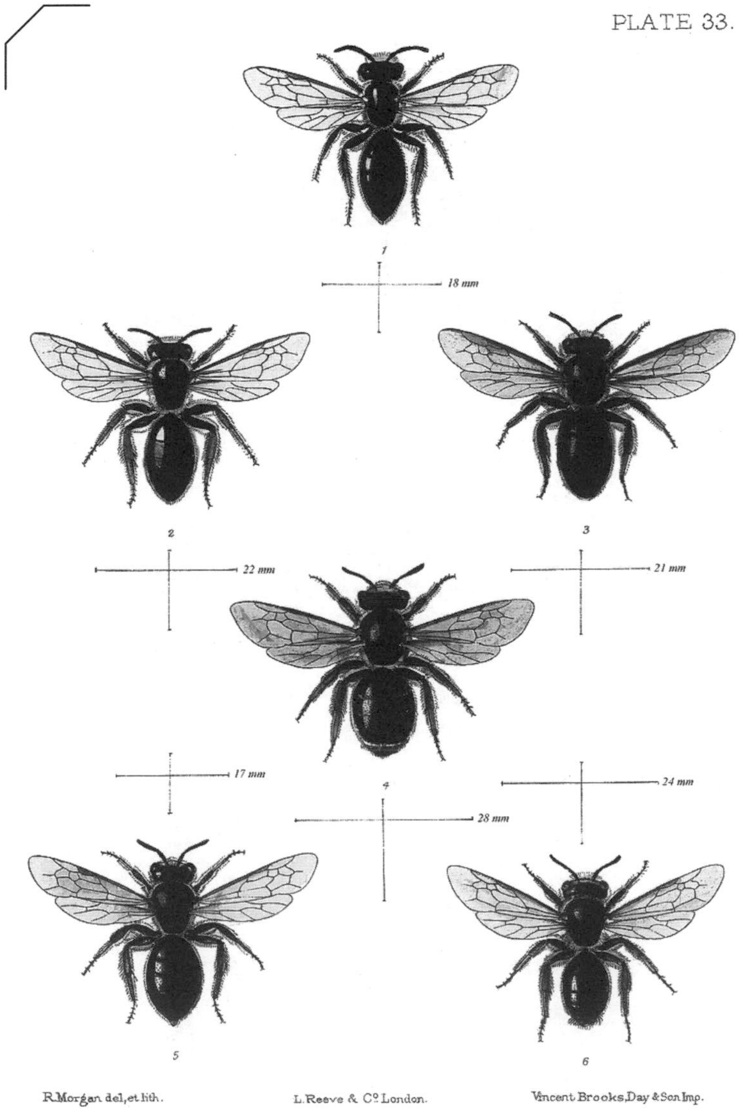

圖 4.7　六種外觀相似的地花蜂屬（*Andrena*）的礦蜂，這些蜂的新種有時僅僅依靠對特定類型花朵的專一性而分支出來。圖片中所描繪的是：A. *chrysosceles*、A. *tarsata*、A. *humilis*、A. *labialis*、A. *nana* 與 A. *dorsata*。此圖片來自 Edward Saunders 的《英國群島的螫刺膜翅目》一書，該書出版於一八九六年。

格的「交友酒吧」，提供了物種形成所需要的隔離條件。因此，並不讓人意外地，地花蜂屬能以其超過一千三百種的物種數量和微小的外觀差異，在所有蜂種中名列最具多樣性的一種，這或許全賴於牠們對不同種花朵的偏好差異，從而使其中的物種各自形成特殊性。

從放肆無忌的蘭花授粉，到蜂舌頭長度與花距深度的精巧共舞，特化作用身處蜂與植物演化裡許多種模式的核心。[25]但值得強調的是，大部分的蜂都會造訪各式各樣屬於某型的花兒，而花也會吸引某類型的授粉者。特化種或許占有專一不二夥伴的優勢，但牠們也承受因為這種依賴關係而伴隨而來的風險——因為疾病、擾動或是惡劣天氣而失去這依存關係的其中一方，那另一邊也會逐漸式微。[26]而身為一個廣適種則像是買了一份好保險，這也是許多極具多樣性、高度成功植物科屬裡最具優勢的生活形態，像是紫苑與玫瑰，還有許多種的蜂，尤其是以社群為居，有許多張口待餵養者，包括了蜜蜂、熊蜂與無針蜂。演化上這兩種策略之間的拮抗張力，也對多樣性是多有貢獻。因為兩種模式都能成功，廣適種的後代經常演化為特化種，反之亦然，這也意味著親緣緊密的蜂或是植物，其覓食與授粉作用的策略，很可能會大相徑庭。

蜂與開花植物之間的特殊關係無法解釋兩族群裡的所有物種。對於每一例由授粉作用所驅動的特化作用，都可以找到其他例子裡新物種的形成是起因於地理、範圍擴增，或是對新棲位、新環境狀況的快速適應。但沒有人會質疑授粉者之間的互動，是研究演化的一方沃土。事實上，達爾文在《物種源始》之後，還出版過一本較少為人知的續集，書名為《蘭花讓昆蟲為之授粉的繁多構造》。此書雖銷量平平，卻暴露其為了找到能夠解析天擇一說強而有力的證據，快速轉向蜂與植物。不同於《物種起源》裡，他的觀察多半來自小獵犬號的遠航旅程，許多達爾文對於授粉者的觀察就來自於其自家花園，或者是附近的田野與林地。這鮮活的田野實驗提醒我們，即使蜂與花的共同演化過程漫長悠久，其結果和影響仍然是我們日常生活中的一部分。我的尋蜂之旅遍及世界各地，從烈日下的沙漠到熱帶雨林、從山間草原到廣袤的非洲大草原，然而我所發現的兩個最具戲劇性的蜂群，卻與我居住的島嶼僅有一天車程之遙。這兩個地點，為我揭示了當一個地區提供了花和蜂所需的一切之後，其潛在的力量有多麼驚人。

第五章　當花兒綻放

供給創造其自身的需求。[1]

——賽伊的市場法則　出自賽伊一八〇三年

熊蜂起得很早，跟我那蹣跚學步中的兒子一樣。對蜂來說，搶得一日之始等同給牠們一個覓食的機會，這時候牠們的競爭者都還賴在床上，因為太冷而飛不太動。熊蜂之所以能夠逞此英勇，是因為牠們能夠藉著發抖打顫而把熱量輸送至飛行肌肉之中，在第七章時，我們會再介紹這種不尋常的才能。但，身為一溫血哺乳類動物，年幼諾亞的早晨習性和身體體溫的關係是八竿子打不著。他就只是視睡眠為無物，是件心不甘情不願卻得經歷、每次都需歷時幾個小時的苦差事。既然生活形式如此，我這小小一家子在大清早便已甦醒，起身外出走走還被熊蜂所包圍，也實在是不足為奇。

我們正出門到一個離家不遠的小島，在那裡，我妻子家親戚有著各式小木屋，深藏於林。這條小徑我們頗熟悉，途經一處自然保護區，還能去到極有同情心的阿姨、姨丈家，他們不但也起得早，煮的咖啡還濃烈香醇。野玫瑰灌木叢高長於小徑兩旁，我的心思留意到在粉嫩花朵間，黃臉黑尾的熊蜂笨拙地飛舞著。含糊間，心思遊走，我想著不知道有多少其他物種也存於這方小天地，但大多數時候，我滿腦子都是咖啡。一直到踏上歸途，那小徑上的蜂才讓我當場愣住。

我常常跟別人說，如果你想要在大自然健行時觀賞到更多東西，不要拿步道路線圖，而是要帶上一個孩子。諾亞對蜂的興致尚未萌芽，但他七扭八拐、一步三搖的學步步伐倒是讓我腳程也慢了下來，能夠好好地觀察行經路過的周遭一切。早晨微光暖了一方，此刻的玫瑰花叢裡脈動著生命嗡鳴。

蜂群似乎在每朵花上結綵，牠們在空中平順飛行，飛經我們身邊時在周圍嗡叫疾騁，像是這小徑是專門切畫出來供其使用似的。牽著諾亞的手，目睹周遭所發生的一切，我迅速地接連頓悟到兩件事：其一，畢生裡，我還未看過這麼多的熊蜂；其二，這些小東西，並不是熊蜂。

就在我們進屋拜訪，啜飲咖啡的那幾個小時裡，這條小徑上的授粉族群已經完完全全轉型變化模樣了。是沒錯，那其中還是有些許幾隻零星的熊蜂，試圖摩拳擦掌躋身入玫瑰花叢，但那些嗡嗡作響的絕大多數都屬於另一種物種，只是「看起來」像熊蜂而已。我以前曾經看過牠們一次，那時候我跟著美國農業部「蜂研究室」的專家，一同到猶他州洛根去趟採集之旅。[2]在當時，就連專業人士也在乍見時為之唬弄。這些模仿者在體型、體態，甚至是橘子黃般的絨毛上，和牠們的表親熊蜂是一模一樣——唯有牠們黑不隆咚的腳洩了底。真正的熊蜂把花粉攜帶在每處脛節上籃框似的結構裡，但這些冒名者則將花粉裝載於淡紅色邊緣處刷狀似的毛上。此番差異幫助我能夠認出牠們是屬於條蜂屬（*genus Anthophora*）底下的掘蜂，但要如何解釋牠們如此難以置信的數大量多呢？[3]一般來說，這種蜂至多也僅是偶一見之，但在這裡，四下望去盡是牠們繁不勝數的蹤跡，擠滿了這一帶的灌木叢，從附近池塘邊，一路延伸過步道小徑，直達那邊可以俯瞰整區海灣的高陡峭壁邊緣。而也正是那一刻，我茅塞頓開如五雷轟頂。諾亞跟著他媽媽在前頭蹣步跚行，我停下腳步時，緊盯著腳下土地。陡然間，我明確地想通了那些蜂是打哪裡來。

《牛津英文字典》追溯「嘖！」（Duh!）表情語的起源，是源自一九四三年《梅里小旋律》卡通。而因為《辛普森家庭》而流行起來的相似詞語（噢！）（Doh!），則起自幾年後，英國國家廣播公司所製作的廣播節目。不論哪一種表情語彙，都極能形容我當下當頭棒喝似的感受。就像其名所揭示的，掘蜂挖地，在裸露的小塊土壤上、黏土堤岸邊、溪谷壁與乾涸水岸上築巢而居，又或者是當牠們力之所及、能找到的情況下，在砂質懸崖的陡峭壁上。法國昆蟲學家法布爾貼切地暱稱牠們為「那些懸崖峭壁土堤上的孩子」。[4]多年來，我健行於那條小徑步道上，腦袋放空地看著蜂在富饒盛開的花間遊蹤，卻不曾將點與點的兩事實給連接起來，牠正是沿著這樣的土堤陡峰啊——陡峭的沙壁與礫石土壤，在海灘邊高聳抽拔至五十五英尺（十五公尺）高。那天下午，一旦諾亞被安頓妥當，開始他不算安寧但算是午睡的空檔，我抓了筆記本便急匆匆地跑到海岸邊，是我接下來樂此不疲屢屢造訪、乃至被我家人稱作「爹地的蜂之峭壁」的首次之行。

當人們踏足海灘時，總是不可免俗地凝視眺望海洋，被那景色所深深吸引，這親近水而產生的平靜感是能觀測定量的，是神經科學家所謂的「藍色之心」。這或許也解釋了為什麼在所有我過往沿著海岸散步之際，我從未注意到這亙長了半英里（八百公尺）的理想蜂之棲地，就坐落在離這僅僅幾

圖 5.1　爹地的蜂之峭壁一隅，上面有成千上萬隻掘蜂、礦蜂、切葉蜂和隧蜂的繁忙家園，還有與牠們相關的布穀蜂、胡蜂和其他依附者。照片為作者所有。

英尺的內陸方向。(或許,「藍色之不用心」更能夠形容在那片沙灘上我的大腦。)此刻,從底下慢慢靠近,那峭壁直挺而立,就像一道蒼白的土牆,牆上滿是坑坑洞洞,不然毫無特色可與之區別。一如所有跟蜂有關的事一樣,遠遠看著是瞧不出任何端倪的。唯當我攀過沙灘上原木堆,就立足站在峭壁底部的時候,我能夠看到、聽到、感覺到那些集中的生命力所發出懾人心魄的聲聲嗡鳴。如果上頭小徑的蜂如溪水潺潺,這裡的蜂就如同怒不可遏地湍急洪流,時常在牠們趕著回去巢洞的匆忙裡,全速地一頭撞到我身上。爬上了斜坡坡腳,我找到一處地方可以坐下來、斜靠在溫暖的砂礫土壁上,看著這一群超大規模的蜂族在我周遭狂鬧喧囂。

第一個關於掘蜂的詳細描述,可以溯源回一九二〇年由奈寧格所撰之文,他後來因為搜集了全世界最大規模的私人隕石收藏而聲名大噪。很顯然,那讓他能夠找來所有來自外太空石頭的觀察技巧,也讓他成為一個很好的昆蟲學家,而且他的敘述依然直指核心:「那是一個明媚的春日,溫暖的陽光點燃了這些昆蟲體內的生命火簇,使牠們活力激發到最大……。牠們全神貫注地挖掘甬道、建築巢室、產卵其中,然後在巢穴內囤足糧食。所有這些活動,都被其勤勉不懈地追求著。」[5]

我所觀察到的與此如出一轍:同樣的行為模式,同樣的勤勞奮進;但奈寧格估算他那位於加州聖蓋博山脈,他的蜂之峭壁上有大約一百隻的個體,我一眼望去,是數以千計。靠近一瞧,峭壁上的坑坑洞洞消失了，取而代之的是一片密密麻麻的巢穴，其密集度近乎每平方英尺有六十個（每平方公尺有六百三十個）。但即便如此，蜂群的帳上數量，還是超過了可用的孔穴，而我也注意到扭打衝突不曾間斷過，居處的雌蜂筋疲力竭地阻擋入侵者，奮守自己的巢穴主控權。不只一次，糾纏的雙方正好摔落我身上，接著又滾下地，一起翻著跟頭直落斜坡時仍不忘激戰。如果這些傢伙是真的熊蜂，而不只是看起來像，我或許會擔憂自己慘遭池魚之螫。但是，雖然這些小土木工築巢之時，巢穴實際上彼此間層層疊疊，其實，牠們本質上仍像泥壺蜂一般，保有獨居之性，而且，既欠缺強而有力的螫針，也缺乏社會性物種統合的防禦能力。事實上，我這邊峭壁上的掘蜂將牠們傾於和平主義者的本性更進一步地發揚光大。透過模仿一個更不好惹的物種，牠們利用演化上堪稱經典的虛張聲勢，戴上一副具有威嚇性的外觀來作為牠們主要的防禦之策。[6,7]只要正版的熊蜂持續保有辛螫的本事，掘蜂模仿犯就能因為假裝攀親帶故而威恫四方，不用耗損精力在自身的防禦工具與行為上。牠們仍然具有針螫構造，但一如某觀察者所提及，就算對之粗暴以待，「牠們依然無法被刺激而發動針螫攻擊。」[8]

我把頭低下來，好瞧瞧峭壁壁面，看到有隻雌蜂在重新塑型牠巢穴入口的邊緣，利用腹部把看起來濕潤的泥土修整平滑，直到形成一個薄而突出的唇狀結構。一如周遭的其他蜂一般，這結構最終

圖 5.2　掘蜂花費相當多的時間和精力在巢穴入口建造精緻而彎曲的煙囪或塔樓，這可能有助於使它們免於寄生蟲的發現，或是保護它們免受惡劣天氣的侵害。在季節結束時，其中一部分塔樓材料將被重新利用，用作封閉隧道的塞子。照片為作者所有。

會延伸出一到二英寸間的長度，然後成弧度向內凹入，就像奈寧格所描述的「一個獨具一格、彎彎曲曲的泥土煙囪。」[9]有些專家認為這些煙囪有助於窩巢藏匿，不被寄生飛蠅與胡蜂找到，而其他專家則推測這些構造或能調節窩巢內氣溫，或是純粹用於防雨、隔絕鄰近造屋時飛走的沙土。不論功用是什麼，這構造都為群落增添了耐人尋味的建築元素，而這，從一隻蜂的觀點來看，鐵定看起來像是巨大沙漠城市裡的竹編夾泥牆塔樓。而這樣複雜的地態樣貌，對蜂媽媽來說是能舉足輕重的導航工具，可以幫助牠們在腳上沾滿花粉、盈滿花蜜之蜂蜜莊稼後，導航返回至各自的窩巢。[10]

掘蜂跟泥壺蜂，或其他具有社會性蜂的生命週期如出一轍，但與其在一長管裡塞滿孵卵的隔間，掘蜂改而建造有許多個別房間的網絡，從甬道的底端逐一分枝出去。蜂媽媽會在每一個小室四處都鋪上一層薄如玻璃紙的分泌物，既防水又抗腐，好好地保護那產於花粉與花蜜濕團塊頂處的單一顆卵。（看起來要比一般地「蜂之麵包」更為漿狀，有時候掘蜂之糧會被迷人地稱作「蜂之布丁」。）而所有這些挖掘與供糧的勞作，意味著儘管掘蜂看似活躍於地表，但這蜂之峭壁處的真正動靜，都是發生在視線所不及的地底下，在那深不可測、滿是甬道地穴的迷宮裡。我無法把沙土層層剝落，好一探究竟這些蜂到底在忙些什麼，但至少，我想要知道有多少蜂在此。我從來沒看過如此處一般的景狀，而這在生物學領域的大千世界裡，通常等同了你無意間撞上了一項重要的發現。

我嫂子是在實驗室裡修得博士學位的，以細菌為實驗模型，常常針對我在大自然裡研究生物學這類事頻開玩笑。她總是說：「你們這類人所唯一做的事，就是數隻數隻。」如同所有精闢的嘲謔，她的評斷包含了一定程度的事實。綜觀我職涯發展，我計量過的物件從種子、蕨類孢子，到棕櫚樹、熊、蝴蝶、大猩猩的糞便，還有禿鷹的啄食動作。此刻，我在腦內提醒自己，千萬別告訴嫂子有關蜂之峭壁的事。如果她知道我墮落至對著地上的孔洞數隻數隻，她終其一生都不會讓我好過。儘管這研究方法的確枯燥索然，卻也只有這愚公數洞之度量方法，能夠跟這一大群蜂在視覺上所造成的昏亂相所抗衡，而得出一精準估算。於是，在「爹地的蜂之峭壁」計算地上孔穴，成為我們家族旅遊裡尋常的科學之副篇章，而我最終也能夠信心滿滿地聲稱，至少有十二萬五千隻雌性掘蜂把那片地方稱作家。雄蜂也居住於周遭，對玫瑰灌木叢與其他花叢處的領地虎視眈眈，等著交配的機會出現。牠們通常比雌蜂的數量要多出兩倍有餘，故而讓這整片成蜂群落的數量，在任一個春季的日子裡直逼四十萬隻。如此之量讓人嘆為觀止，比起這物種所已知的其他族群，要大上兩個數量級。但當我在此處花上愈久的時間，我愈能明白掘蜂只不過是個開始而已。

在那第一次的午後探察之行，我利用在沙灘上找到的空果醬瓶收集了兩份樣品；不過自此之後，只要來此，我從未兩手空空，不帶上我最心愛的捕蟲網：是個可折疊型、幾乎在任何地方都能夠彈開，以求快手一揮。[11]自從跟洛曾上了第一堂揮網課之後，我便明白到偷偷尾隨蜂，是研究牠們最關鍵的一個層面。就像走在學步幼童身旁一樣，動作放慢、仔細小心地追隨目標之物，能讓感官銳利起來，創造一個全新的視野。在蜂之峭壁上，我很快地注意到，掘蜂如何只在某種特定砂礫大小與稠度的土壤上群聚。當一處土塊變得太砂質，或是太硬實時，該處便由其他種不同的蜂所占——像是切葉蜂、礦蜂、長鬚蜂以及隧蜂。同時也有沙蜂，還可見到掠食者斑蝥巡邏偵查整片斜丘。在季節的尾巴，「布穀」蜂和一系列的寄生胡蜂便會現蹤，偷偷趁著蜂媽媽出門之際，溜潛出入各式窩巢。雖是因為掘蜂之故，我才注意到了蜂之峭壁，但結果卻顯示此地的故事要錯綜複雜太多——一整個群聚的昆蟲利用鄰近的花剝削著彼此還有築巢棲地處每一個可供利用的合適角落。甚至，在峭壁基底處，因為頭頂上方的開掘挖鑿，塵土泥渣積高成鬆散、歪七扭八的土堆，都有小東西在那裡挖鑽著甬道。我自知要釐清這其中所牽扯的各種關係，需要比我肚裡普通常識更專精昆蟲學的墨水。若要為那些所有的蜂一一安上名字，更別提那些胡蜂、飛蠅與其他物種，我需要分類學領域的專家助我一臂之力。幸運的是，我知道我該打給誰！

我是在「野蜂研習營」裡認識亞舍的，那時候他是研習營裡最年輕的職員，並且與其他人的年紀差了近乎兩輪。毫不意外的，因為蜂，我們相惜，但還有音樂！毫無疑問，我們的共同愛好是蜂，但另一個連結我們的共通點竟然是音樂。當我偶然聽到他在研究站用那台破舊的直立式鋼琴即興彈奏時，他的演奏讓我印象深刻。當我提到我在家裡也有參與爵士樂團時，他向我透露他早期曾在對音樂和昆蟲學的熱情之間苦苦掙扎過。

「大學畢業之後，我跟一群音樂家朋友蹲在紐約市裡。」他跟我說著，一邊追憶起那漫長的窘迫時光，還有他們如何盡其所能地尋覓演出機會並來者不拒。但一如他對爵士音樂的熱愛有多濃厚強烈，他的自知之明亦是，他能感覺到其他人擁有一份他所欠缺的東西：「不論我多加緊努力練習，我可以感受到我永遠都不能像他們一樣傑出優秀。」他說道，然後投給我一記堅篤的目光：「但是，我知道如果我全心投入在蜂身上，我可以是最出類拔萃的那個！」

不論從什麼角度看，亞舍的巨霸一方之願，已是指日可待。我們初識之際，他已經跟洛曾一起工作了許多年，在美國自然史博物館磨練自己身為龐大的蜂標本收藏的策展人所需學養。之後，他便轉任到新加坡國立大學擔任教授一職，投入亞洲蜂的研究，並持續辨識那些經由聯邦快遞寄送給他的北美洲蜂種。（好家在，乾燥的蜂都不至於有多重，而且標記了「內含昆蟲死體標本」的箱子在海關處可被直接放行，不需關稅。）亞舍所擅長的分類學是自然科學裡基礎的一環——辨識物種，同時探究出牠們在生命系統發生樹上頭彼此之間的關聯。但在如今這個年代，技術與專長皆逐漸以科技驅動為尊，這基礎科學便乏人問津。隨著越來越多的老派分類學家年屆退休，對如亞舍一般的年輕學者，積壓的工作就愈堆愈多。田野調查的研究計畫常常得等到年深日久，標本才終獲專業辨識。但當我告訴亞舍蜂之峭壁上的掘蜂數量時，他興致勃勃地想要加入。「我曾看過那物種活蹦亂跳，」他在電子郵件裡寫道：「但每次都只區區幾十隻而已。」

綜觀而論，蜂之峭壁上絕無僅有的富饒，可以歸結為一個簡單的、供給與需求之課題。生物學家亨瑞克在他一九七九年所出版的經典科普書《熊蜂經濟學》裡頭，也探究過類似的想法。憑藉追蹤蜂窩裡生命週期的能量流通，亨瑞克指出生產投入（花蜜和花粉）直接承擔了輸出產量（生殖成就）之責。增加更多可用的花朵資源，一個蜂窩裡就能產出更多的蜂。對於長在我住所附近、處於海岸環境裡的掘蜂，適於築巢的峭壁出現地點，常常等同於花之沙漠，那些地方一邊是鹹水另一邊則是濃密針葉林。但靠著那純粹的好運，此處我的蜂之峭壁上頭有著好幾英畝的廢棄農田，並且重新長出來的不是樹木，而是一系列完美的蜂之花田──有玫瑰、覆盆子、雪莓、櫻桃等等。在整個春天與初夏，它們輪番開花，就在廣大一片的築巢棲地邊，提供花粉與花蜜為糧。有多少能量輸入，便有相等的能量輸出，而蜂群落只不過是因應著擴張壯大，對可用的資源物盡其用。除了掘蜂，亞舍在我寄給他的標本裡，辨識出其他十種於峭壁或平地上築巢的物種，還有九種不同的「布穀」蜂種。所有的這些族群都依傍著同樣一套花兒經濟學的主要原則而生。這也難怪那條小徑步道上的玫瑰叢裡充滿活躍的蜂鳴——它可是蜿蜒而過一個數以百萬計，既多種多樣，又多育富饒的蜂群落呢。

自然界裡，盛大的蜂群落取決於繁複的花朵與棲地難得同時出現的偶然。不予考慮疾病或是惡劣天氣的波折，那些供給的確會創造出自屬的需求。馴養蜜蜂的養蜂人早在幾千年以前就明白了這層關聯，故追逐著盛開的花，把蜂巢放置地點從一處移往另一處，盡力地榨乾這系統之所能。如此操作不但回饋以更大量的蜂，還有更多的、蜂群用以自食果腹的金黃蜂蜜，外加更多的、蜂群用以儲存蜂蜜的塗臘蜂巢格子——這兩種都是可以被採集然後加以販售的。同樣重要的是，這也讓商業規模的統整性授粉作用可以實行。當農田與果園在上百、上千英畝的土地上，專心致力於一種農作物時，這也造就了一段短促卻瘋忙的開花季節，常常讓當地的蜂族群疲於勞碌不堪負荷，尤其是對那些被高度開發耕種，卻囿於有限棲地的地帶。而這解決良策，便是牟利豐潤的提供授粉服務之市場，許多養蜂人商家現在一半以上的年收入，都是靠租借蜂巢給農民。

橫跨春季與夏天的幾月裡，蜂巢堆高高的半拖車在鄉野間縱橫交錯，穩定地逐一追隨著那些依賴蜂而作的農作，從杏仁（我們在第十章會再詳細討論），到蘋果、南瓜、櫻桃、西瓜、藍莓等等。像是可以隨身攜帶的蜂之峭壁，這些載有蜂巢的卡車提供開闊的築巢棲所，而相繼接棒的農田與果園則讓花蜜與花粉足可穩定供應。這樣的結果，便是單一卡車的後方車斗，能夠容納高達一千萬隻的蜜蜂族群，除了那些因為其中之一卡車翻覆而被叫到現場的各路倒楣的公路巡邏組員，很少人知道這件事。撇除交通危害不談，如此長途跋涉的運輸蜂巢，對蜂之健康構成顯著威脅，這我們在第九章的時候會更進一步討論。至少，對於某些農作物，強化當地原生的蜂族群是極有吸引力的替代方案。如同格里芬所得到的結論，泥壺蜂很容易便在人工蜂箱裡築巢而居，在蘋果樹間傳粉也是鞠躬盡瘁死而後已般地賣力。日本蘋果果農如今亦廣泛應用此法。有些切葉蜂也顯露出相仿的潛力，也愈來愈多的證據顯示，只要簡簡單單地維持排栽的灌木樹籬不被叨擾，就能吸引到一定種類的蜂，增加從藍莓到櫛瓜，幾可謂任何農作的授粉作用。甚至是理論上需要靠自花授粉的作物，像是黃豆，似乎也都能夠因為一大群的蜂隨侍在側而表現得更好。田間試驗還在進行中，但其中一項有史以來最為成功的原生蜂計畫之一，其點子並不是新發想出來的。那可以溯及半個世紀以前，位在美國西部一小群的農夫，我總喜歡假想那群人一定也跟我一樣，是拜倒在某隻特別的蜂之石榴裙底下。我一聽說那群種植苜蓿的農夫已經在為彩帶蜂屬底下的鹼蜂建造築巢底床，我便知道我一定得動身去親自一探究竟。

「如果你有更多的花，你就能得到更多的蜂；如果你有更多的花，你就會得到更多的蜂。」瓦格納一邊做著手勢，一邊重複著他的信仰真言，舉起一隻手，然後是另一隻，就像一對不斷攀升的比例尺，好像可以因此視覺化地壯大他家族經營的規模。畢竟，代代相傳裡，這準則依舊屹立不搖。「我爺爺從鼠尾草堆裡，開墾出這塊可用之地。」當我們參觀其中一處田園時，他如此跟我說著，如今，及腰的苜蓿花已然盛開得鬱鬱蔥蔥。瓦格納的兒子也是這生意上全職的合夥人，甚至是他的孫子，似乎也已經是年幼得志——才不過兩歲，這個最年輕的瓦格納家族成員就已經將移動灑水器列為他最喜愛的活動之一。在美國鄉村，這種世代承襲農業的家族事業正逐漸稀少，但在華盛頓州的圖切特谷種植苜蓿花也不尋常，這裡可是位處於哥倫比亞盆地中央的灌溉綠洲。

「我們大概用了一百二十公噸的鹽巴。」當我們遠眺他的另一處田園時，瓦格納解釋著。身為土壤的修正液，鹽巴通常是用來保留用做對付敵人的耕地，讓那些地方什麼都長不出來，但在他自己農地的這塊角落裡，瓦格納並不是栽種一般的農作。他在栽培蜂，而鹽巴可以在土壤表層形成一層密封住溼氣的外殼，一如其自然而然在鹼性沼地、淺灘上所形成的那樣，這也是瓦格納蜂巢底床所想要如法炮製的。若依憑蜂的反應來下斷語，那他似乎的確把這打造得跟真的一樣唯妙唯肖。牠們如同蒸騰的熱氣，在鹽質土壤上盤旋蜂擁，數之不盡的激動細小身軀移動速度之快，讓視線都難以跟上。這看起來就像是我的蜂之峭壁，但得把峭壁削平再乘以十倍。還有，牠們也不造塔樓，這些蜂用挖掘出來的土沙，在牠們巢穴孔周圍堆成圓錐土堆，就像是上千個小礦山的尾礦一樣。不過，峭壁與底床之間最大的差別，和這些窩巢是如何布置安排的沒有什麼關係，而是為什麼如此。這些蜂是故意為之的，不是碰巧而已，而瓦格納傾盡全力地提供這些蜂所需索的一切。

「所有的地下灌溉都在二十英寸深處。」他一邊說著，同時指向成排的水龍頭與白色的聚氯乙烯管，只注入剛剛好的水量，足以保持土壤涼爽與結實，好適合挖掘，但不至於因為太濕而把窩巢淹沒了，或是致其腐敗。「凡事以蜂為先，」瓦格納補充道，並且告訴我上一季裡，因為乾旱的緣故，自來水轄區切斷農作物灌溉用水的供應，居民也得洗戰鬥澡，任憑自家草坪枯死。但這蜂之底床的配水卻被保住了，正好撐過築巢的高峰期。「牠們可是比其他任何人都更長的時間有水用呢。」他滿意地說著，聽起來就像是一位驕傲的父母。

那時候，我兒諾亞已經是為蜂瘋狂的七歲娃兒了，成功地用一個我們隨手帶著、就為了此類目地的透明塑膠管瓶，勺舀到一隻嗡鳴的雌蜂。在我們家裡，這種常見的抓捕後釋放的活動，被稱作「釣蜂」。他把管子舉起，我立刻認出我那最愛的蜂身上，美麗絕倫的蛋白石色條紋。但，很難把我只瞥過一眼、搜集過一次，總被認為是稀罕的物種，和這些在我們周遭一大群哼鳴的蜂，兩相重合聯想在一起。瓦格納的蜂巢床，以及周遭種植苜蓿的鄰居們，完美地體現了「你若搭建，他們就會來」

的文化概念。[12]總括下，涵蓋了超過三百英畝（一百二十公頃），那些分散四處的基床，為估計約有一千八百萬到兩千五百萬隻築巢的雌蜂提供了主要的棲地，更別提至少那些為交配蠢蠢欲動的許許多多雄性。除了那些商業化的蜜蜂，這裡的蜂加總起來可謂有史以來所量測過、最龐大的授粉者族群，是個蜂鳴不已的首屈一指大城市，在蜂之研究者裡，被譽為世界第八大奇觀。

我們在瓦格納農園的參訪，很直截了當地解釋了如何、以及為什麼，這一獨特的原生物種對此生意經營變得至關重要，但是我所學到的第一件事卻更為基本：瓦格納對鹼蜂的喜愛，甚至比我還更甚。「你不能帶走她。她是我的。」他如此跟諾亞說著——十分嚴肅，但沒有絲毫的不客氣——我們也都眼看著那小小隻蜂從諾亞的管子裡飛出來，旋即在那片轟鳴的蜂群裡消蹤匿跡。後來，在另外一處蜂之基床處檢視土壤濕潤度時，我不小心聽到他在不小心把滿滿一鏟沙土傾倒在一窩巢處時怒咒自己。對瓦格納來說，對鹼蜂的關心，就意味著要關切每一隻個別的蜂。他約莫從諾亞這般年紀起就恪守此道，那時候他父親會讓他帶著一把空氣槍去蜂之基床，好驅趕飢餓的鳥。自從接手這片農田後，他孜孜矻矻、不倦不怠地協同鄰居與當地父母官，讓鹼蜂為萬事所優先，不單是為了耕種苜蓿的農人，更是為了整個社區。在整個山谷裡，處處可見路標警示「鹼蜂活動區」，並將速限嚴格地設在每小時三十公里。但瓦格納自己開車時，車速更慢、踽踽前行，當蜂疾騁過擋風玻璃時，警告我們：「快把車窗關起來——你會讓蜂飛進車裡！」

高齡六十四，瓦格納有著一副經年累月在戶外打拚的人才贏得的精實骨架與黝黑臉色，他穿著牛仔褲、短筒靴還有棒球帽，有著常年熟悉而習慣的自在。「我們已經有近五百公頃的苜蓿了，」他跟我說著，頭朝向那些密集成排，及腰高的綠意。如果他栽植此作物只是為了生產乾草，那我們的故事就得在此處嘎然而止了，但圖切特谷的苜蓿農人專精於種子的生產，而這需要授粉作用。即使人離得老遠，瓦格納的田園閃耀著一簇簇的紫色小花，空氣中充滿強烈的花香。這對於蜂鐵定是如癡如醉，誘惑著牠們從窩巢

圖 5.3　在華盛頓州的托舍特小鎮外，汽車和卡車行駛時緩慢移動，不是因為交通擁堵，而是為了保護當地蜜蜂，牠們是當地苜蓿生產依賴的重要生態資源。照片為作者所有。

處來到這慷慨布施花粉與花蜜，綿延至四方之處。不過，當牠們抵達那些花兒時，所發生的後續並不只是單純的擷取所獲。苜蓿花將牠們的花粉與花蜜，藏在向內折疊的花瓣內，而當蜂來到時就會觸發了花，花就會張開來，以一驚人的向上推力釋出雄蕊與雌蕊。而這會對蜂的身體或頭部造成結實的一擊，而大多數的蜂就單純的無法承受。例如，蜜蜂很快就學會避開花的猛烈拳打腳踢，從花瓣的縫隙中掠取花蜜，這樣花瓣就不會彈開，花朵也就不能授粉。[13]但是鹼蜂似乎並不在意被撞擊，牠們歡快地造訪一朵又一朵花朵，並且在幾乎完全由苜蓿花為主的膳食中繁衍生息。當圖切特山谷的農民了解到這些小個頭蜂正在做的事情時，他們知道他們找到了最完美的授粉者。

「我很想要回到一九三〇年代，好即時的四處尋找鹼蜂。」瓦格納一度如此說著，若有所思地感懷著在苜蓿的生產正開始站穩腳跟之前的那個年代。「牠們總得在這附近的某處生活著。」沿著山谷灌溉用水之源，瓦拉瓦拉河的沿岸，仍然錯落著一些天然生成的蜂之基床，而一些鹼蜂也的確會到訪當地乾燥灌木矮樹附近的野花。不過，絕大多數的族群似乎都已經把自身的步調排程，轉而以配合苜蓿為主，而比起大部分原生此地的植物，苜蓿開花得較晚也歷時長些。對蜂來說，要改變牠們何時從窩巢裡出來現蹤，稱得上是重大的生態調整，但瓦格納和其他當地農人也做出改變了，讓他們農耕的方式更適合他們的蜂。他們熬夜到深夜，好當蜂都安穩回窩休息之後，在夜裡灌灑農田。他們經常地微調其蜂之基床的設計與維護，並且和昆蟲學家合作，好研究成效。他們也遊說州與聯邦政府機關，並把可得的資源集中起來，好金援大學去研究對蜂友善的殺蟲劑。瓦格納的努力付出，近期為他自己贏得了北美洲授粉生物保護運動所頒發的獎項，這個獎通常都頒給學界學者、機構研究人員、天然資源保護推動者或者是經營小型有機事業的人。而圖切特谷如今被廣泛推崇為使用原生蜂作為集約農業、高度生產力農業形式的個案研究。但儘管獲得了注意力與榮譽，瓦格納跟我說，他仍然覺得他只不過是在研究鹼蜂的皮毛。「跟我知道的事情比起來，還是有超級多東西是我不知道的。」

在我們參訪的尾聲，瓦格納放慢了卡車的速度，指向一個四周開敞的屋棚，說是他買的保險。那棚子裡也是充滿了蜂，但這些是瓦格納每年花錢購買來的進口歐洲切葉蜂，作為惡劣天氣、疾病、殺蟲劑災難事故，或是其他可能會危害到他蜂之基床的危機發生時，所留一手的配套方案。作為泥壺蜂的表親，切葉蜂也是可以築巢於木箱與紙管中，很容易可以寄送各處。而苜蓿農民多半從加拿大商業養殖商那裡購買，一次能以百萬計數。就像鹼蜂一樣，切葉蜂也不介意被苜蓿花當作打地鼠一般地打，而且在有些地方，牠們是苜蓿的主要授粉者。然而，對瓦格納來說，牠們就是和當地原生物種不一樣。「我花錢買牠們，但對牠們是真心沒愛。」他如此說著，並且試著把他對鹼蜂的感情付諸文字。「就是不一樣——鹼蜂像是家庭裡的一份子……。這感覺不是言語可以描述的。」

開車離開圖切特谷的時候，諾亞和我停下來最後一次，好再聽聽蜂鳴。把引擎熄了，車窗搖下來，蜂群聽起來像是一個巨大震顫，低沉的嗡鳴音調在田野間無止歇地轟響。對瓦格納和當地農民來說，這音樂是他們謀生之道的翕響，是他們俯仰生息的背景之聲。這所體現的不單是蜂與花之間的關係，還有著更深一層的連結，對於這，我們在本書的下一段章節中會觸及到——是蜂與人之間既至關重要，又意想不到的古老連結。

蜂與人

然而，若你期待蜂的善意，希望牠們不要螫你，你必須避免一切可能冒犯到牠們的行為。你不能失去清潔與純潔，因為蜂自身極為純潔、整潔，對於任何不純與邋遢的事物都會感到深深的厭惡。你不能讓自己身上沾滿汗味，或是有因吃了大蒜、洋蔥、韭菜等食物而產生的口臭。你不能放縱飲食、酗酒；你也不能在牠們面前大喘氣、急促移動，當牠們顯露出威脅的態度時，不應過度防衛，而應該將手輕輕移動到臉前，以平靜的態度將牠們撥開。總的來說，你需要保持貞潔、清潔、甜美、冷靜、安寧，且與牠們親近；如此，牠們便會對你心生善意，並將你從所有其他人中區別出來。

——英國養蜂之父巴特勒《巾幗王朝》一六〇九年

第六章　蜜翼與人族之間[1]

沒有蜂，就沒有蜜。[2]

——拉斯慕士《格言集》，西元前一千五百年每年，將近兩千位保育生物學學會的會員，會聚在一起開為期五天的會議。在那裡，他們經營人脈、分享研究結果，也討論鑽研、保護瀕危物種與受脅景觀的挑戰。會議舉行的地點年年不同，但就算再奇異的地方也無法改變會議必須在室內舉行的諷刺本質，悶窒的議廳，大概是一群田野調查科學家最不想要待的地方吧。會議開始一、兩天之後，如坐針氈之徵浮現，瞧見一群一群的人擠進租車、翹逃至最近的國家公園裡，並非罕事。不過，有時候最值得一觀之事，就正處在會議廳的窗外。

幾年前，當南非負責舉辦當年度的年會時，是在納爾遜曼德拉城市大學所舉行，位處伊莉莎白港之郊。除了主要的建築群之外，學校占地八百多公頃的校園大部分仍然座落在寧靜不受擾的凡波斯（*fynbos*），是處乾燥、灌木叢滿布的棲地，它的名字源於南非語，意思是「精細的灌木叢」。在第二天下午，在我繳交了研究報告並且回答一些問題之後，我從窗口眺望出去，等著下一階段的會議開始。以此距離之遙，凡波斯看起來乏善可陳，是片略有起伏延展出去、陽光普照的荒原。不過，我接著注意到小簇小簇的色塊，在一片綠意中四散於這裡一點、那裡一點。正是凡波斯的開花之季呢，而我頓時明瞭到，我可是在對的地點、對的時間裡，目睹了一件頗為驚人的壯麗。我立即離開了會場，遁走出外。如果有誰正看向窗外的話，他們會瞧見我消失於灌木裡，搜尋蜂與人之間層層關係裡最源頭之蒂根。

我沒花多少時間，就找到蜂了。在一成色粉嫩、像是草夾竹桃的不知名灌木叢上，我瞧見一群正是我在尋找的物種。打自北美洲而來，這景觀單獨而論並不是什麼大不了的犒賞：只是蜜蜂在自己的天然棲地。在家時，我總是禁不住對這些令人著迷的生物感到五味雜陳，我對牠們生物學上的興趣，和瞭然於牠們之於當地物種的影響，似是矛盾衝突。[3]根據一項估計的結果，單是一副養蜂蜂巢所消耗的花粉與花蜜，就足以供養十萬個掘蜂、泥壺蜂、切葉蜂和其他原生蜂的巢穴小室。不過，這裡的蜜蜂，正是在牠們原生所屬之處，在牠們物種起源地乾燥非洲環境裡，

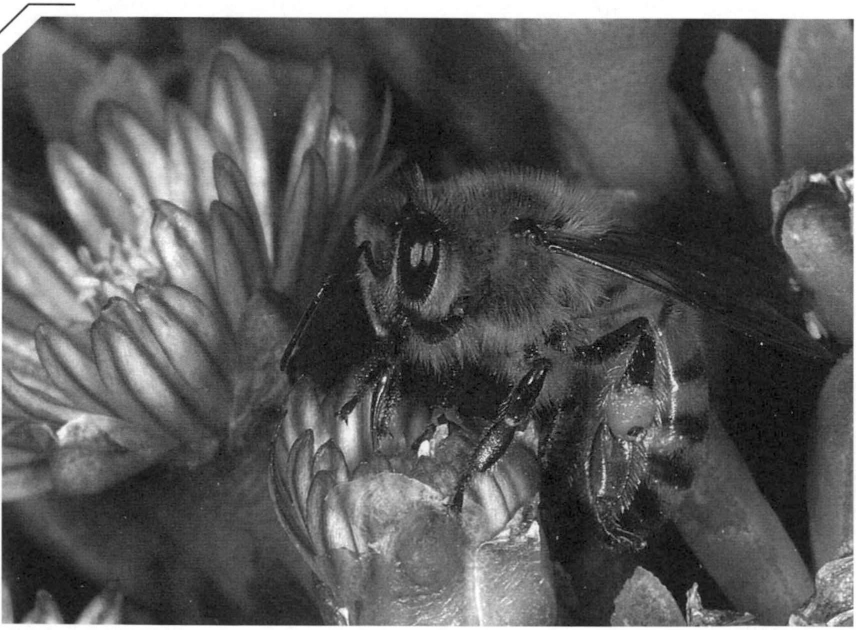

圖 6.1　在家的蜜蜂——一隻南非原生的蜜蜂（*Apis mellifera*）工蜂正在原生的番杏花上採蜜。由 Derek Keats 提供，並透過維基媒體共享。

輕快地飛來飛去——而也正是我們人類起源的環境。我睜眼瞧著牠們採集花蜜，有時候一朵花上有著兩隻，然後試著在幾隻起身離去時尾隨其後，好看看是不是可以追蹤牠們回到所屬的蜂巢。但一切只是白忙一場——總在幾步之遠後，我必在濃密的灌木叢裡，遍尋不著牠們的飛行軌跡。於是，我換了個方式，在一處把自己安頓下來，守株等著、聽著，希冀有幫手出現。

如果我是在寫一本小說的話，此段落便會是我告訴你有一隻棕黃、知更鳥大小般的鳥兒停落在附近枝枒，興奮地嘰嘰喳喳想要引起我的注意。然後，我會跟你說我如何跟著這隻鳥，牠在樹叢枝蔓之間飛上跳下、振翅間飛跳穿過凡波斯，引領我直直去到蜂群嗡鳴的家。這等好事沒有發生，但怪奇之處是，這是有可能發生的。黑喉嚮蜜鴷之所以得其名，正是來自我所形容的這款行為，靠著愛鬧般的蹦跳、拍翅，以及鳥類圖鑑形容為「快、快、快、快、快、快、快！！！」不止歇的狂吠，引領人們直搗蜂巢。這種鳥廣布於撒哈拉沙漠以南的非洲，而且不論牠在何地被找到，傳統的蜂蜜獵人都知道只要依賴牠的天賦異稟準沒錯。

在其中一項研究中，尾隨蜜鴷能增加窩巢搜尋成功率百分之五百六十，而且，這種鳥總是把獵人引導到比起獵人單憑己力所發現的，要更大、產量更豐的蜂巢。一旦蜂巢的位置被發現，並被破壞之後，蜜鴷靠著殘羹剩渣而大快朵頤一番——如此專攻的膳食，造成牠們非比尋常、能夠消化蜂蠟的能力。如同一早期歐洲觀察家所記述的，習慣上，人們會用一塊經過精打細算的蜂巢做為獎勵，回報他們的飛禽小幫手：「這些蜂之獵人從不會忘記為他們的嚮導留下一小塊，但一般也都會特別留心，留下來的量不要多到能夠讓鳥餓著的肚子得到充分滿足。於是，這種鳥的食慾被這九牛一毛的吝嗇大開胃口，就會不得不犯下二次殺蜂惡行，靠發現另一處蜂的窩巢，希冀能獲得更好的薪資報酬。」[4] 儘管在那天下午的凡波斯，我並未遇到蜜鴷的幫助，但其生活習性在鳥類學家眼中是司空見慣且眾所周知的，且被永久地寫進了一個堪稱科學史上最佳命名之一的學名中，那就是「指示者、指示者」（*Indicator indicator*）。

第一篇關於蜜鴷的研究論文，於一七七六年十二月在倫敦皇家學會所籌辦的會議上宣讀。論文中提到這鳥理論上的天然對應體，是一襲擊蜂巢的哺乳類動物，叫作蜜獾。在兩個世紀裡，人們普遍接受的觀點和科學家的理解都是蜜鴷的導引行為是在鳥與蜜獾之間進行共同演化的結果，而人類只是在後來學會了如何利用這種行為。但一直到一九八〇年代，一群南非的生物學家才指出一直以來，早該顯而易見的事：蜜獾幾乎是完全夜行性的。雖然，牠們清醒時分的確和蜜鴷於黃昏薄暮之際短暫重疊，但如此侷限的機會似乎很難作為一個很好的共同演化起始點，尤其是這種複雜的互動關係。更深入地研究探討之後，不信者發現，蜜獾不但是個大近視眼，還嚴重重聽，而且被鳥兒所

圖 6.2　人們長期以來一直認為黑喉嚮蜜鴷（上圖）透過引導蜜獾（下圖）找到蜂窩來發展其引導行為，儘管這種鳥是在白天活動，而蜜獾則大多是夜行性的。現在大多數專家都同意，這種鳥發展出其卓越特徵是與人類祖先合作的結果。來源：維基共享資源。

暴露的蜂巢常常棲處於樹上，蜜獾卻鮮少爬樹攀至那些地方。事實上，播放錄製好的蜜鴷鳴叫給抓住的蜜獾聽，蜜獾完全不為所動。後來顯示，那些所有發表過，連結這兩物種在野外互動的報導，都是從道聽途說或是民間傳說而來的坊間軼事。沒有一個生物學家、蜂蜜獵人，或甚至是野生動物觀賞之旅的嚮導，曾經親眼目睹過一隻鳥兒引領一隻蜜獾前去蜜地。儘管，在自然史上這謎團依然懸而未解，相關文章甚至是最暢銷的童書，都發現蜜鴷行為背後的真確故事，需要生物學家去叩問科學界不同領域的大門。

「我的研究平台是營養學。」克莉敦這般跟我說著。「一切都源於此。飲食並非人類進化故事的終章，反而是開始的序幕。」克莉敦的辦公室位在內華達州立大學拉斯維加斯分校人類學大樓裡某一狹窄走道盡頭。她的學術成就豐碩，既擁有營養人類學名譽教授的稱號，同時也涉獵生態學研究。如此的雙重視角幫助克莉敦能將有關人類飲食習性的問題，放在考慮環境脈絡裡考慮。在談話裡，她使用一些有趣的語彙，像是「把人類以食物資源為經緯加以標記其分布」，然後得出一個極有說服力的說法，那就是我們遠祖當初選擇要吃什麼，決定了我們如今是什麼。如果此假設為真，那人類和蜜鴷可能有很多共同點呢。

「如果你想要在人類演化出來的同一個土地上，研究狩獵採集者式的生活的話，那立刻把範圍縮小很多了。」克莉敦跟我說，解釋她如何開始與坦尚尼亞的哈扎部落展開長期合作。在哈扎人裡，約有三百個人還嚴格地遵循傳統生活方式，小群小群地沿著埃亞西湖四周乾燥的平原與林地漫遊狩獵。他們的故鄉就座落在離奧都維峽谷與雷托里不到二十五英里（四十公里）遠之處；在那裡，化石、腳印與石器記錄了人類遠祖在三百萬多年前，就已經現蹤於此。克莉敦迅速指出，像哈扎族這樣的群體是現代的，且在文化上具有獨特性。但既然這些人都和我們物種起源所在之處，生活於同樣一塊地方，也以自給自足式的生活方式獲得營養來源，他們必有很多東西可以教與我們知曉。

克莉敦和哈扎人同處的第一季時，她花了大把的時間忙著稱重、編目他們每日所獲，從婦女與小孩所帶回來的水果與塊莖，到男人狩獵所獲的各式各樣羚羊、鳥兒與其他種動物。她對於食物來源的季節性波動是如何影響家庭生活，尤其是針對女性對於何時、與何人生育的決斷極感興趣。那時候，大部分在人類學領域，關乎營養學的研究，都集中在克莉敦所謂「肉與馬鈴薯之辯」，是一道長久以來懸而未解的爭論，關乎到底是透過狩獵，還是透過採集而獲得的卡路里熱量，對早期人類行為與發展貢獻較大。她懷疑這故事沒有這麼簡單，而就像任何一個優秀的科學家，她始終保持開放的態度去觀察和聆聽。「我永遠只跟從數據的引導，」她這樣說著。不過，當她的研究開始指向蜂蜜時，就連克莉敦自己也大吃一驚。

「我驚訝得下巴都掉下來了。」克莉敦回憶著，描述她第一次見到哈扎人傳統式採集蜂蜜時的情景。當她看到男人沿著一系列的木樁，攀爬上一株巨無霸猴麵包樹的樹幹，用火炬把蜂群燻開，然後接二連三地把一個又一個、滴著金黃蜂蜜的蜂巢帶下來，她完全為之著迷。然而，相較於獵人們將這獎品帶回營地

圖 6.3　哈札族的蜂蜜獵人與他剛取得的野蜜蜂巢合影。照片為克利敦所有。

時引起的熱烈歡慶，她的驚訝似乎微不足道。「小孩子們立刻開始歡唱並起舞嬉鬧。大家都無比興奮地分享這份大獎，挑選最美味的部分給予彼此，也分給我。這種情境完全超出了我之前的經驗和想像。」這個經歷深深刻畫在她的腦海中，引發她的思考：哈扎族人究竟吃多少蜂蜜？她與她的人類學同行是否忽視了一個重要的熱量來源？當她更深入探索這個問題時，她越來越確信，自己的猜想並非空穴來風。「對於我們已有資料的每一個採集狩獵族群，他們都視蜂蜜為主要的食物來源。每一種類的靈長類都會進食蜂蜜。」她如同整理思緒般，將事實一一列舉給我聽。「蜂蜜的營養豐富，而且深受人們的喜愛。蜂蜜在世界各地都是重要的食物來源，不僅在現代，更在我們的進化歷程中占有重要地位。我們肯定忽略了某些事物！」

而克莉敦也差點與之擦肩而過。當她開始上大學時，人類學甚至不在她的考量範圍之內。她想要成為一個醫生，按部就班萬事無礙地完成醫學預備科的課程。但當她碰巧坐進一門名為「人類演化學概論」的課程時，「我的心都要爆炸了，」她跟我說著，回憶起那堂課如何把所有她所揣想過的事情，似乎是有條不紊地全部組織了起來。理智上，她形容她突然改變的職涯規畫，就像是愛麗絲墜入兔子洞，直達夢遊仙境。「我有著太多急於想解答的問題。」她說著，而如果我們之間的談話能夠看出點什麼端倪的話，那她如今依然。年紀輕輕就已經令人驚訝地就已經成就滿滿，克莉敦所呈現的是那種在營養學專家學者身上方會預期見到的，有著苗條健美之姿，卻是無窮無盡的能量。在兩個半小時的時間裡，只被動身去校園內咖啡店之行打斷過，我們從蜂蜜的化學到哈扎人箭矢狩獵，甚至是學術上編輯的挑戰，話題是無所不包。常常感覺起來，她對我工作內容的興趣盎然，一如我對她的，問的問題同時有著不放過細節的堅持，與隨興的友好，這也幫忙解釋了她為什麼可以從哈扎人身上學到這麼多東西。

「蜂蜜在他們的心中，是頭號美食。」她向我透露。在她進行的每一次訪談中，這個答案一次又一次地被確認——不論男女老少，更不用提孩童，他們將蜂蜜視為無比珍愛，遠超過任何種類的水果或肉類。男性和年長的男孩每日不輟地搜尋著蜂蜜，他們不只盜取蜜蜂的蜂巢，也洗劫了至少六種不同的無刺蜂類的窩巢。女性同樣會收集一些無刺蜂的蜂蜜，然而，按照傳統，她們並不攜帶破壞大型蜂巢所需的斧頭。當克莉敦和她的同事們將多年來的觀察數據加總之後，他們發現在哈扎人的飲食中，蜂蜜占了總熱量的百分之十五。「這還是在低估的情況下，」她特別提到，因為數據並未將蜂蛹和花粉的營養成分計算在內，而這些也是他們熱愛且常吃的食物。而且，他們的估量也沒有把那些在營區外所吃掉的部分納入考量。以男性而言，大啖蜂蜜而來的熱量理應要高出很多，因為他們通常只要找到了蜂蜜，就開始狼吞虎嚥起來，吃的量往往在他們帶回家分享的三分之一到三倍之間。「他們

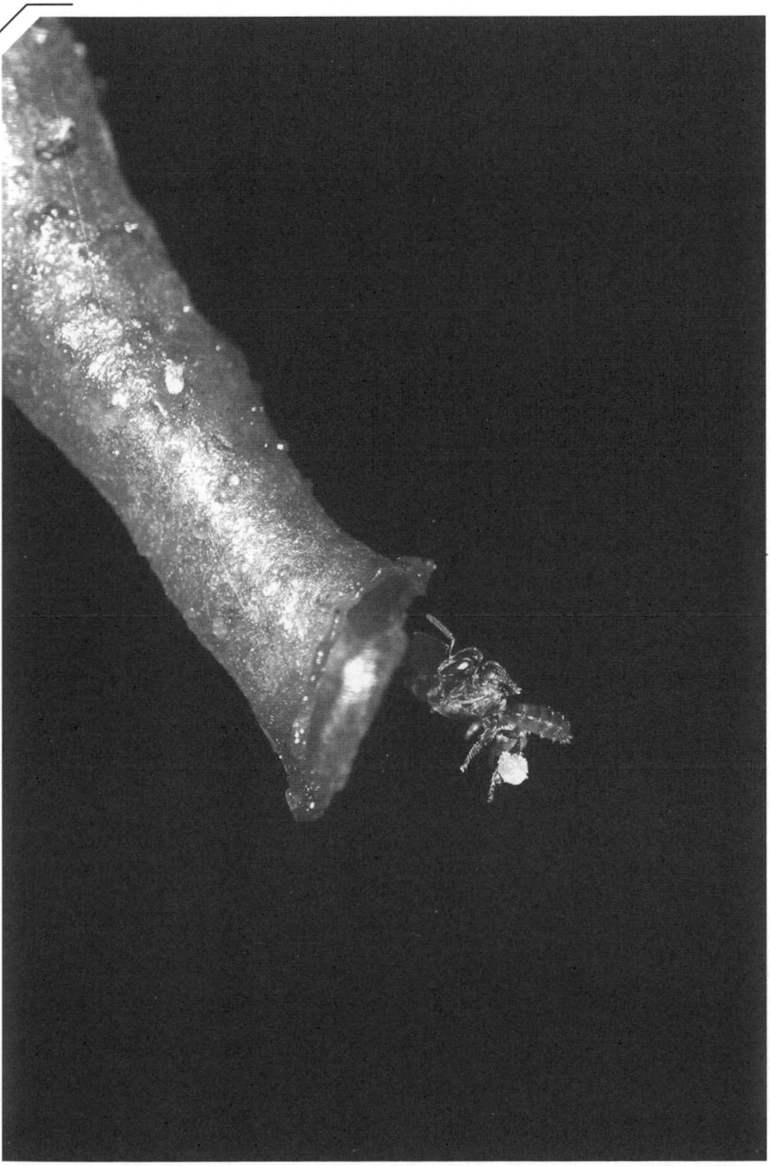

圖 6.4　哈扎蜂蜜獵人的目標是七種不同的本土蜜蜂的巢穴，其中包括 *Hypotrigona* 這個屬的成員，牠們會在蜂巢入口處建造精緻的樹脂隧道。牠們是一種無刺物種，在一種地方方言中被翻譯為「訪問咖啡花的和平小昆蟲」。

總是抱怨出外採集的時候，十分口乾舌燥。」克莉敦笑著說道，指出人體在代謝那些所有的醣類時，會需要大量的進水。「就跟我女兒在萬聖節的時候一模一樣。」但那些不給糖就搗蛋的小鬼靈精只在一年的那一天裡，得以放縱盡情地滿足嘴上甜頭，哈扎人可是每天都出門找尋蜂蜜。而如果，我們的遠祖在占有那塊地時，也從事著同樣之事的話，那這可以解答太多事情了，像是那匪夷所思的蜜鴷習性。

「我其實對鳥類不抱有太大興趣。」克莉敦承認，儘管哈扎人的確會只要逮到機會，便尾隨蜜鴷。即便她把蜜鴷如何和人類互動的課題留給其他科學家去探討，克莉敦的研究結果卻無庸置疑地揭示出這一切的互動是如何開始的。她主張我們對於蜂蜜的偏愛，是根深柢固自我們身為靈長類動物的過往，而畢竟所有現存的大猿類物種也都搜索著蜂蜜，這一事實也就佐證了艾莉敦的論點。如果一如遺傳學證據所顯示，蜜鴷演化自三百萬年前，那當牠們出現在東非地區的時候，我們的祖先已經是森林和草原上的老居民，在鄰近周遭到處留下他們雙足步行的腳印。在這樣的脈絡下，為什麼原生型的蜜鴷會想要庸鳥自擾地去嘗試引起夜行性蜜獾的注意呢？如今，一個被廣泛接受的學說指出，蜜鴷最早是和那些早期、直立的人類祖先一起共同演化，人類祖先那時候已經是在光天化日之下，終日對蜂蜜尋尋覓覓。現代的蜜鴷將其注意力完全放在人類身上的事實，也就不讓人訝異——牠們可是在人屬身上練習這手段好幾萬年。[5]不過，對於克莉敦和其他營養學人類學家來說，這蜂蜜的故事裡，最極致有趣的部分和鳥兒一點關係都沒有。而是一個關乎於能夠助我們一臂之力，來界定我們物種的重要演化步驟。

「大腦可是絕對葡萄糖消耗者。」克莉敦一邊說，一邊提醒我人類生物學的基礎課程內容。因為腦為了神經傳導，還有基本細胞功能，都必須消耗能量，所以被生理學家稱作「代謝上很昂貴的」組織。雖然平均而論，人腦只占體重的百分之二，但是它可以消耗掉我們每日能量需求的百分之二十——全部要以葡萄糖的形式提供。[6]為了能夠趕上，身體從我們吃進去的食物裡分解澱粉，或是藉著肝臟與腎臟提供的一點小忙，重組蛋白質與脂質裡的能量。但是，在人類飲食裡，沒有另一種天然食物比蜂蜜含有更多的葡萄糖，並且以一種未摻雜、容易消化的形式。一匙蜂蜜裡，足有三分之一的卡路里是純葡萄糖，另外加上差不多勢均力敵、以另一個類似的醣類：果糖形式而來的能量。克莉敦觀察發現，「這是在自然界裡，最飽含能量的食物」，並且，必需餵飽我們這顆又大、又飢餓的腦，或許可以解釋為什麼我們對蜂蜜的渴望。

任何一本寫得好，關乎人類演化的教科書，都會特別介紹一顆為人所知曉為「胡桃鉗人」的頭骨。那標本屬於天南人猿屬，是一九五九年由利基在靠近奧都維峽谷附近所發現。[7]他看起來跟人類極為近似，但有著相對較小的頭殼，突出的下顎上長滿了巨大的臼齒——正是他們被如此暱稱的靈感之源。相反地，就算是對未受訓練的外行人，也能夠看出來人屬的頭顱明顯不同：因為結合了顎和牙齒都比較小，臉較平的特徵，並且有更大的空間留給灰質。腦的大小突然之間向上躍了個等級是我們譜系的認證標章，而這一躍，增長的幅度可是讓現代人的腦容量足以自豪地聲稱，比遠古天南人猿屬人要大上兩倍半。對克莉敦的營養學人類學家來說，這些祖先頭骨的每一次改變，都對飲食提出了重要的問題。若不是在卡路里攝取上有相應的暴升，早期的人類永遠也無法負擔得起腦變大之後的代謝需求。如果沒有卡路里的相應增加，早期人類可能無法負擔腦變大之後的代謝成本。牙齒變小可能暗示飲食的變化，可能由硬食轉向了較軟、更富營養的食物。目前的大部分理論都將功勞歸因是透過狩獵增加肉食攝取，或是使用工具來獲取和處理塊莖和其他新的食物。掌握火的使用亦是帶來烹飪所能夠提供的營養優勢。而克莉敦和她的同事們則在飲食創新的名單中加入了蜂蜜，這是所有食物中最有助於大腦的食品。

「現在我們可是有了動力呢。」克莉敦在某個時間點告訴我，「蜂蜜正在日漸受到重視。」她解釋著要不是直到近幾年，遠古之際蜂蜜的消耗是不可能留下紀錄的。不像其他飲食習慣與進展，蜂蜜不會留下獨特的工具、燒焦的爐石，或是在骨頭上留下屠宰的蛛絲馬跡。這或許也是另一個保存偏誤的例子，那些碰巧留下一系列明顯古物遺跡的事件，總是被過分強調。蜂蜜因為無法被看見，就一直被忽略了，直到最近。如今新的技術可以精準地分析出殘留的化學痕跡特徵，甚至是最微小的污漬和殘留物也沒問題。而研究上，極有說服力的證據也逐一出現：上千個古陶器破片上的蜂蠟，還有從那似乎是世界上第一個牙齒填充物上，證實在新石器時代之始，和蜂蜜有強烈連結。[8] 對於克莉敦感興趣的更古老時期，她寄望於人類學家過去認為是瑕疵的東西——牙菌斑。

「我們過去總是習慣清洗齒類標本。」她說道，同時作勢刷擦抹淨的樣子，「但現在我們有所長進了。」即便一個無塵無灰的化石在博物館展示裡，看起來比較有門面，但清理標本的同時也抹除了卡在角落與裂縫裡的重要證據。化石上的斑垢包含了關乎遠古膳食、令人吃驚的大量訊息，甚至可以從中推敲出社會行為。舉例來說，最近發現尼安德人齒斑上的微生物菌叢裡，也有專屬於人類齒斑上的微生菌叢，顯示出這兩物種曾經共同分享食物，甚至是——更惹非議地說——在史前時便唇齒相親，相吻以沫。[9] 克莉敦堅信，若分析正確年代時序裡的齒斑，就能夠發現在我們演化歷史上，所有關鍵的時間點都可以找到蜂蜜殘跡。像是獵捕動物，搜找蜂蜜之舉讓我們的祖先在完成複雜困難的工作之後，有富含營養價值的獎酬。這必會製造出一股推力，去發展出合作與共享，還有使用工具與精通用火。[10] 手斧、石片，和其他石器讓擊殺與屠宰獵物更有效率，也同時讓人可以去接近藏匿於樹間的較大蜂巢。當學會用火藉著烹煮之技，提升了我們所獲得的營養，這技能也同時讓人能夠以煙為手段，消弭蜂群之怒。如果我們的祖先的確像如今的哈扎人一樣，如此頻繁地搜尋蜂蜜，那每一項以上羅列的進展，都伴隨著飆升的糖類卡路里。[11]再者，一如克莉敦屢次在我們談話中所提醒我的，蜂巢裡還含有幼蟲與花粉，這不僅提供了額外的卡路里，還有蛋白質與重要的微量營養素。總結來說，諸如這些

圖 6.5　哈札族收集的野生蜂巢是一種營養的意外收獲，它提供了來自液狀蜂蜜的甜蜜卡路里，同時，蜂幼蟲和花粉填滿的蜂巢也富含蛋白質和營養素。照片為克莉敦所有。

對膳食的貢獻，形塑出一個強而有力的案例，那就是學會尾隨於蜂（還有蜜鴷），影響了人類的演化，幫助我們的遠祖能夠增長他們茁壯中的腦，還有——以人類學家的語言來說——在營養上超越其他物種。」[12]

人類永遠都在辯論到底是什麼因子讓智人有著如此一顆大頭，以及占有強勢主導地位，而克莉敦和她的同僚，已經成功地讓蜂蜜在這裡有說話的一席之地。他們的學說很快地為人所接受，因為它不是要取代，而是補充了現有的範例讓其更加完備。沒有人會信服說，食用蜂蜜讓我們求「人」得「人」，但現在，幾乎沒有學者專家懷疑說，那是我們遠祖膳食裡，最有價值、營養豐沛的一部分。這思路一開始吸引我時，是因為它對於我們與蜂之間關聯性的說法，但最後，我也崇敬克莉敦與其同僚是如何將此說發展奠基起來——從一個有趣的觀察現象，到一簡單的提論，再到一更為全面完整之貌。這些全都在克莉敦網站上的歷年著作列表裡，以這些年來她的共同作者和研究題目如何激增而得其概況，從蜂蜜到消化，到石器與牙齒琺瑯質的磨損形態。（鑽研其他人的著作年錄是以科學為職之人，最書呆之樂的嗜好。）談話近尾聲時，克莉敦再次提到最先開始時她所提到的——把她研究範疇全部緊緊綁繫在一起的最根本之大哉問：「我們到底是如何變成以今日之體貌、如此之姿俯仰過活、行事於世呢？」然後，她得出發去幼稚園接她女兒放學，而這也提醒我另一個她研究主題裡的傾向：

一系列關於哈扎人幼童覓食習慣的研究論文。

年輕一輩的狩獵採集者嚮往甜食應該不是什麼讓人吃驚的事。世界各地的孩童都對糖顯現出能夠量化、比成年人要高的忍受度，尤其是在骨頭快速生長時期，他們的身體會渴望從容易消化的卡路里裡快速獲得能量。年輕的哈扎人開始時以無花果、莓類、塊莖，還有靠近營區的猢猻麵樹果實為主，不過，他們很快地便學會好幾種不同的無針蜂所築巢之處，近得唾手可得——低懸於中空樹枝，或者甚至就在地底下。當男生長得夠大、能夠揮動斧頭（一個傳統上

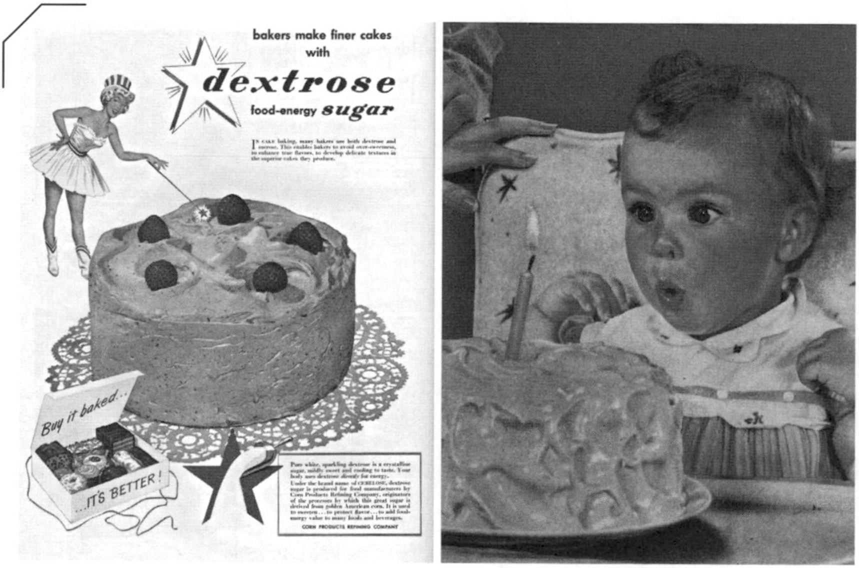

圖 6.6　兒童在生長活躍的時期，對糖的渴望明顯達到頂峰，此時身體渴望簡單的卡路里。在廉價的精製糖（如這些老式廣告中宣傳的葡萄糖）出現之前，各地農村地區的孩子們通常通過尋找野蜂的巢穴來滿足他們集體的甜食需求。Images courtesy of Sally Edelstein Collection.

的男性工具）之際，他們便能進階到在樹上築巢的蜂，最終得以開始跟隨蜜鴷到所有裡面最大又富態的蜂巢。大多數那些甜滋滋的尋寶所獲被當場吃個精光，大概也幫助常常在這個年紀猛然抽高的青春期男性，提供應援能量。而對糖的熱切渴望與成長中的身體，兩相結合下或能解釋為什麼即使大體上，搜尋蜂蜜的文化早已銷聲匿跡於各自的文化裡，世界各地的孩子仍然不停歇地尋找野外蜂之巢。

在很早的時候，馴養就把蜜蜂引進了農業裡，很大程度上解決了需要定期出外搜尋蜂蜜的需求。但即使牠們的蜂巢可以很容易養在農場上，蜜蜂依然重於防禦又兇猛，需要靠著煙燻和其他技術，方能讓牠們的守衛（還有蜂蜜）能大半被成年人所掌控。然而，在任何人想要尋覓一迅速、甜美的難得樂事時，愈溫和的物種也就愈容易受到傷害，而直到不久前的最近，各地農村的孩童都相當心知肚明牠們的習慣。著名的法國昆蟲學家法布爾，自認他對昆蟲的狂熱不是啟蒙自教科書或者是大學課堂，而是始自旁觀學童去搶劫泥壺蜂蜂巢的經驗。在日本，小孩子把「蜂之麵包」的味道，相比於一種頗受歡迎的西點，是用黃豆製成的麵粉和蜂蜜混合而成。一種常見的泥壺蜂，在當地依然以「黃豆粉蜂」之名為人所熟知。熊蜂更是引人注意的獵捕目標，牠們溫潤且美味的液態蜂蜜儲藏，就算是冒著被螫叮幾口的風險都是划算的交易。十九世紀時，豪奪熊蜂蜂巢是幼年活動的標準配備，常見到甚至出現在詩裡，像是下面這則出自一本很受歡迎的書籍《為小男孩與小女孩打造的快樂韻律集》的押韻詩：

跳舞吧，你這熊蜂，
釀些蜂蜜與我甜到瘋，
速速飛去好釀更多，
存回這裡同藏你小窩……
就像你定要活著的篤定，
我也有定要登門的確定，
多謝你熊蜂老兄勇健如熊，
釀這蜂蜜金燦如黃金泉湧。[13]

而這習慣至少一直到一九〇九年還是常態，當下面的這則軼事出現於一篇文章中，鼓吹蜂的觀察應該納入課堂上的科學實驗：「昨天早上，一個男孩來到我辦公室，跟我說他們一群男童剛掠奪了一個很大的熊蜂蜂巢，還有他們剛吃下肚的、裡頭的蜂蜜品質……。如果，這鄉野間有一種昆蟲，是尋常鄉野、小鎮男孩比起其他昆蟲所知之甚深，尤其是在紅色三葉草正盛開的第二季時節，那鐵定就是熊蜂了。」[14]

然而，到了二十世紀後期，事情出現轉機。我自身身為一個在一九七〇年代，「尋常鄉野、小鎮男孩」的成長經驗裡，並沒有包括任何一起跟原生蜂有關的經驗。更別說從泥壺蜂蜂巢裡取走蜂之麵包，或是夥同我朋友一起去襲奪熊蜂蜂蜜。當我們想要一點甜頭時，我們做做跟其他孩子沒什麼不同的事——我們花錢買糖果。因為態度觀念的轉變，還有精緻糖類的無所不在，在這些因素兩相結合之下，我這代的小孩——即便是那些對大自然有興趣的——已經失去了外出尋找蜂的衝動。如今，身為一個年屆中年的生物學家，我突然發現自己很想要彌補過去所不可得的經驗。於是，當我兒長到哈扎族小孩開始學習野外覓食的年紀時，我發現，我有同謀了！

第七章　留住鄧不利多！

有些追尋，
即使不全然屬於詩意與真實，
但至少比我們所認知到的，
要更為高貴、更美好地維持與大自然的關係。
例如，
養蜂一事……
就像是指揮著陽光。[1]

——梭羅《天堂復得》，一八四三年

「我聽到蜂的聲音了！」諾亞喊道，從他的挖土機裡抬起頭來。就像許多年輕男孩一樣，諾亞對玩具卡車與推土機懷著強烈的迷戀。而他已經花了過去一個小時，極有耐心地把我辦公室前面的一堆泥濘給夷平。（我在我們果園裡，一個改裝過的小棚屋裡上班。我們把那裡叫作「浣熊小屋」，好緬懷前住戶。）看到一隻蜂可以完全引開他的注意力，我高興極了，不過，我們畢竟已經為此等待好多天了。

當那隻蜂繞過小屋的一角，開始在門廊處四下查探時，我們兩個人都僵住了。牠從壁板的木板節孔開始，飛上屋簷，在我蓋來為燕子提供築巢之所的一處窄架上，跌跌撞撞。當牠又朝下飛來，往一個釘在門廊格子狀隔板的奇怪新玩意兒逼近時，我發現自己屏住了呼吸。就像一個好的乾燥壁架能夠吸引燕子，諾亞和我希望我們這獨特的木盒子也能夠自證其對蜂的不可抗拒吸引力。過往的失敗觸發了這一季的新發明：我們添上了一個老舊的雨鞋做為甬道的入口，雨鞋被切掉的大拇指部位，剛好可以塞進木箱側邊的小洞，而開口的頂部則朝向外頭的果園樹木，引誘著訪客。這隻蜂在半空中徘徊了片刻，大概是介於屋簷與格子狀隔板之中央。然後，就像是被詭譎的重力拽入一樣，牠突然歪向一邊，直直地飛入了雨鞋裡。

「那是一隻熊蜂嗎？」諾亞興奮地問著，用的是他在我們為蜂瘋狂的家宅裡，常常不小心聽到的拉丁名字。我點頭稱是。辨識蜂種通常要更具有挑戰性，需要針插固定好的標本、解剖用顯微鏡，還有清晰可辨的特徵，像是翅脈、舌長，或是在某些例子裡，雄性生殖器凹槽溝痕的形態。但是，當你看到一隻蜂飛行時，有一個經驗法則很有效：如果你正穿著羊毛帽，兩層法蘭絨衣，加上一件羽絨背心，那麼你所看到的一定是一隻熊蜂。沒有哪種昆蟲能像熊蜂那樣完美地適應寒冷天氣，將牠們的翅膀從飛行肌肉上暫時分離，然後只振動飛行肌肉以產生熱量，然後直接傳遞到牠們毛茸茸、具有良好保暖效果的身體。這項絕技讓牠們可以在各種環境下，都可以到達適合飛行的溫度，而我知道沒有其他東西能夠在如此強風肆虐的下午飛行了。再加上，既然這不過是三月的第二天，我知道這隻熊蜂必然是蜂后，剛自冬眠中甦醒，冒著寒冷找尋合適的地方，好開始建立屬於牠的蜂群落。

蜂的嗡鳴聲像是被消音了般，卻同時明確地標示了牠的移動軌跡，牠穩定地飛入雨靴，緩緩穿過指尖處，最後悠然進入木箱之中。我嘗試想像牠在那裡，身處於黑暗，身歷我們準備的各種靠氣味、感覺的誘惑：牠那有著棉絮襯裡的巢穴，還有頂針大小、一小杯的柳蘭蜂蜜。英國昆蟲學家史萊登過去常常利用各種千奇百怪的東西來裝備他的蜂箱，像是手工割下的草皮，到碎條狀的亞麻纖維，他甚至至奇策盡出地用墨水滴管來餵食蜂。而且，他還利用熔化的蠟和先前已被水濕潤的木棍圓端作為模具，手工製作出蜂蜜罐。[2]他詳盡的建議都收錄在他一九一二年所著的書籍《謙虛的蜂：熊蜂生活史與馴養訣竅》，是所有渴望馴養熊蜂的養蜂人主要的參考資料。自此書問世後算起，這一世紀以來，大部分的人已經遺忘了那可愛的小名「謙虛的蜂」，甚至其更古老的別名「鄧不利多」如今也只對哈利波特迷有著意義。然而，我們依然珍愛著熊蜂，把牠們深藏在心底。昆蟲學家喜愛地稱呼他們為蜂世界的「泰迪蜂」，而就如同蜜蜂一樣，有些熊蜂種已經成為對經濟作物重要的授粉者。牠們對於學者專家言之鑿鑿的「音波處理」極為擅長，或者又可以稱作「振動授粉方式」，以剛剛好的頻率振動牠們的翅膀，好把花粉從難搞的花朵身上給搖落下來，就像那些在番茄植作上能找到的一樣（我們在第九章的時候會更加詳細討論）。不過，如果史萊登仍然健在的話，他對諾亞和我所問的第一個問題，大概不會是有關熊蜂科學上的進展，反而應該會是關於那隻雨鞋吧。

自然裡，熊蜂蜂后會特地去尋找老鼠、兔子所遺棄的窩巢、岩石裂縫、空心原木，或者是啄木鳥所遺留下來的樹洞。牠們需要一個乾燥、密閉之處，讓蜂群能夠在季節的尾巴成長茁壯到上百隻個體的足夠空間。尋找一個合適的位置需要不斷地搜索上述舉例的地點共同具備的一項特徵：一個伸手不見五指的黑暗入口。此點之必要讓熊蜂蜂后對於闇黑的縫隙與孔穴有著難以饜足的好奇心，而這些地方在人類世界裡亦是隨處可見。一個出自威爾特郡的古老諺語把含糊咕噥地說話，比擬作茶壺裡嗡鳴的熊蜂。這理所當然地就也暗示了，在茶壺裡找到熊蜂這件事，曾經是每個人都能夠感同身受的普遍日常生活經驗。事實上，熊蜂巢穴可以在各式各樣意想不到之處尋得，從茶壺到澆水罐，甚至是降流管、煙囪、排氣管，還有捲好的地毯。而在這名單上，我再加上橡膠鞋，而原因也極為顯而易見：當我把一腳穿進鞋子裡的時候，感受到一陣來勢洶洶的刺痛。

　　這件意外就剛好在「浣熊小屋」處發生，那時候我只顧著在室內工作，把自己滿是泥濘的鞋放置不管了好幾個小時。冬季與春天大部分的時間裡，高筒及膝的橡膠鞋可謂我工作服飾的基本配備，畢竟從我家到小屋的道路一半都浸在泥濘中。不小心撞入這又黑又舒適的地方，這隻蜂后顯然喜歡這地

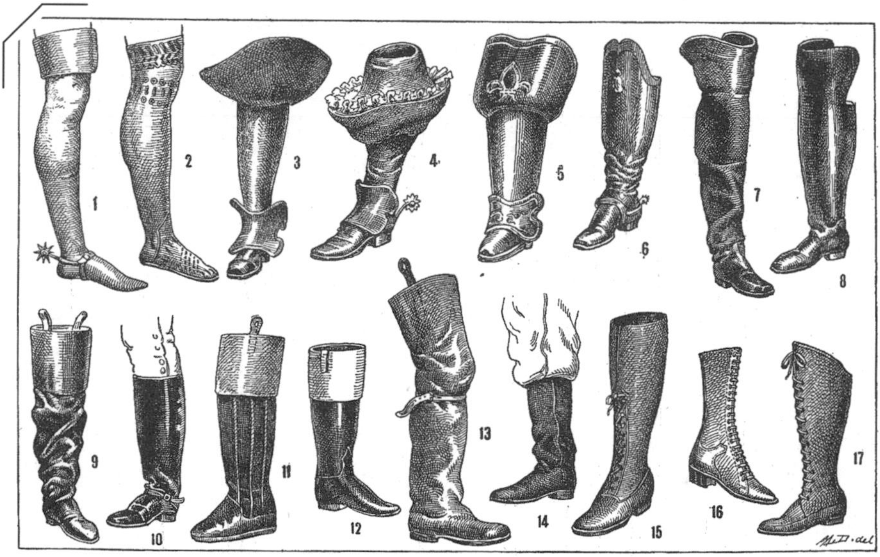

圖 7.1　靴子有著又長又黑的開口和舒適的楦頭，是熊蜂女王築巢的絕佳場所，尤其是當你在春天不小心把靴子翻倒在門廊上時。Image from Paul Augé, Larousse du XX siècle (1928)

方喜歡到願意開始持理家務。也就是說，牠喜歡這地方，直到我惹人嫌的腳指頭不識好歹地逕入，而將一切毀於一旦。我把鞋子踢掉，看到牠跌撞地出來，然後飛走去尋找更適合容身之所。但儘管我所承受的疼痛與驚詫，那針螫讓我突然之間感覺到了希望。或許，我終於明瞭該如何吸引蜂后到築窩小箱！多年以來，我每次費盡心力嘗試在浣熊小屋營建、觀察熊蜂族群的努力，都是虛空泡影。這感覺是個極為理想的環境——安靜、陰暗，還環繞以果樹與漿果灌木叢。再加上一附帶好處，吾妻蔓生花園的富饒花藏，不過是短短的飛行距離之外。不過，即便我嘗試過各種方法，從排水瓦管到花盆，再到通過花園軟管的紙箱，就我所知從來沒有一隻經過的蜂后，慢下速來對此多看一眼。在上一季裡，諾亞和我不得不退而求其次，現抓蜂后，再把牠們轉移到我從格里芬公司那裡所購得的精美絕倫觀察箱，但總是只能眼睜睜看著牠們一個個逮到機會就立刻飛遁而走。但現在，在將靴子掛在入口處僅僅兩天之後，我們已經吸引了一位可能的房客。

嗡嗚聲乍然大響，蜂后又從雨鞋裡出來了，在雨鞋附近、格子狀隔板處還有門廊附近，大幅度地繞著圈飛著。「牠在牢牢記住這個地點。」我低聲跟諾亞說道。蜂用一系列的視覺線索來導航，包括偏振光、太陽的位置，但越來越多的證據表明，牠們微小的腦袋也能夠記憶周圍環境的詳細地圖。如果把熊蜂或是蜜蜂裝在黑色箱子裡，載運到離原本巢穴很遠的地方，牠們依舊能夠自十公里之外找到回家的路。蘭花蜂甚至曾經從二十三公里之遙處成功返家。耐心的盤旋飛行讓蜂能夠辨認並記住關鍵地標，幫助牠們定位巢穴或優質的食物來源。重新排列這些地標可能會暫時困擾歸巢的蜂，正如格里芬用泥壺蜂巢所示範的一樣。我短暫遲疑了一下，不太確定有了熊蜂為鄰之後，我是不是不應該冒險把整理草皮的耙子、梯架、躺椅，或者是其他存放在門廊上的東西隨便移動。就在那時，蜂后猛然飛出，穿過果園，消失在草地上，直奔狂風中。但她幾分鐘後又返回，彷彿在測試她的腦內地圖，繼續檢查著帶有雨鞋的蜂箱。我露出笑容，與諾亞擊掌慶祝。好的開始，是我們倆成功的一半。

養蜂名人榜起始於亞里斯多德與畢達格拉斯，一路有奧古斯都、查理曼大帝與喬治・華盛頓的沿途加入，一直持續到近代的時候，更是有一大批名人躍躍欲試，包括亨利方達與彼德方達父子、史嘉蕾喬韓森，以及瑪莎史都華。而在文學界，維吉爾養蜂，托爾斯泰也是，他甚至在《戰爭與和平》一書裡，花了整整兩頁的篇幅，將居民撤離後、等待拿破崙軍隊入侵的莫斯科城，比擬作「蜂巢之將死，其后也缺」之景。[2]柯南道爾自己並未養蜂，但他也的確暗示，養蜂之事是福爾摩斯在退休之後，唯一一件挑戰度夠，能夠抓住福爾摩斯全部精神的娛樂。故事《最後致意》裡，福爾摩斯最後一次被委任處理案件時，曾向身旁的華生吹噓著自己的蜂，說道：「我睜眼瞧著這些工作的蜂群，就像我當年盯看著倫敦的犯罪世界。」[3]關乎養蜂的正典從莎士比亞的比喻，到科學回憶錄，到實用手冊，到盡乎所有歷史典籍與文獻記載裡都只提及一種蜂種：蜜蜂。[4]當諾亞和我選擇飼養熊蜂時，我們走上了一條不太走過也不太受到讚揚的道路。事實上，名望響亮的眾人裡，只有一位曾經有知識性地交代過關於熊蜂屬的事，而且，甚至很少人知道她曾經如此做過。

在她人生的最後一年裡，雪維亞・普拉絲用慣常的方法飼養蜜蜂，並且為其做了幾首詩，但其實在她早年的作品，也是常常以蜂為隱喻與參考模板，卻用的是另一種蜂。[5]她確實是唯一一個文學巨擘，會在詩裡使用「越冬棲所」這種詞彙，正確地指稱懷孕的熊蜂蜂后會在冬季所待著的狹窄洞穴。雪維亞・普拉絲對此知之甚詳，是透過最理所當然的管道，她自幼在北美，陪伴著她長大的就是一位熊蜂專家。雖然文學評論家知道奧托・普拉絲是他女兒詩歌裡不祥的存在，昆蟲學家卻對他深有好感。他的經典之作《熊蜂與其生活之道》，可謂美國版史萊登，能與之相提並論的發表，而且，很明顯的是他知識的精深，年輕時的史萊登也難望其項背。童年時的朋友們記得她是一位熱愛自然的人，她的寫作中包括從社會性蜂到寄生、生活在蟲癭中的胡蜂等有關各種昆蟲的插曲。在自傳式記事《熊蜂之中》，她對這角色的回憶，是基於在她父親拳頭裡，無害地嗡嗚作響的無針雄性熊蜂。[6]我不確定諾亞是不是會記得我們一起經歷過的蜂之探奇之旅，但我可以確定如果這隻蜂后沒有成功地建造出蜂群的話，那關乎熊蜂的這一篇章就會乏善可陳。而不幸的是，事情發展很快地便急轉直下。

我們蜂巢箱的主要特色，除了改造自雨鞋之外，就是一個在蓋子上，置入了一個透明的樹脂玻璃窗。因為移除掉了木頭頂蓋，我們能夠在不驚動其內住戶（或是不用把牠們放出去）的前提下，很清楚地窺視箱子裡頭的端倪。我們第一次往裡頭瞧的時候，看到棉絮在動。那是蜂后，忙著依照自身喜好重新排列四周。我立刻把蓋子闔上，跟諾亞說，接下來的幾天我們不該再偷看，直到蜂后好好地安頓下來。如果運氣好的話，牠很快就會開始製作蜜糖，並開始產卵，然後我們的蜂箱就會傳來嗡嗡的振翅聲。可惜，過不了多久，我在浣熊小屋那裡聽到一種很不尋常的聲音——是那清晰獨特、嘮叨喧鬧的鷦鷯鶲。當我對此細究時，我發現蜂早就歸去，而雨鞋裡塞滿了小細枝，是鷦鷯鶲開始築巢的前兆，最終將會有六隻嘈雜不休的雛鳥。[7]我喜歡鳥兒，也試著對這天不從人願以達觀豁然待之。但諾亞極怒，誓言要與把我們珍貴的蜂后驅逐走的鷦鷯鶲一族永遠勢不兩立。後來，像是在傷口上灑鹽似的，我們發現這些鷦鷯鶲甚至也威脅到了當地的蜂族群。在季節的尾聲，當我們將鷦鷯巢中的樹枝和羽毛從雨鞋中取出，我們發現巢中的窩襯著一層細絨毛，這絨毛只能是來自被鷦鷯拆解的袖黃斑蜂的蜂巢。

儘管鷦鷯鶲讓我們世界一流的熊蜂養殖經驗付諸東流，諾亞和我至少從這次經驗裡頭學習到了些東西。等到春天又來到之際，我們去當地百元商店日常採買時，也補足了各式各樣的雨鞋，另外還有茶壺、水瓶以及灑水罐——我們希望這提供了足夠的公寓可用坪數，既滿足了鶺鴒，最好還能夠再次吸引另一隻蜂后。在某種程度上，這只是一個熊蜂版的變奏，仿效自一個古老流傳、用來吸引蜜蜂的小技巧。當像是哈扎族的傳統捕蜂人一斧劈開樹上的蜂巢時，他們常常會把受到損傷的樹幹，用石頭或是泥巴修復，希冀蜜蜂會回來一次又一次地重新原地建巢。（經過修復的蜂巢為捕蜂人提供兩個明顯

圖 7.2　非洲養蜂業的傳統形式是將野生蜂群吸引到空心原木或其他誘人的房屋中。在這張來自衣索匹亞的照片中，數十個潛在的蜂巢像鳥巢一樣懸掛在金合歡樹上。Bernard Gagnon 攝，維基共享資源。

的好處：他們明確知道去哪裡找蜜蜂；而且如果更多的蜜蜂的確又搬進去的話，也比較容易再次將之劈開。）早期的非洲養蜂人單純採取邏輯上的下一步：直接在很有希望的地點放置中空的原木，試圖捕捉野生的蜜蜂群。這種做法在許多農村地區仍在持續，使一些非洲蜜蜂群體保持在一種奇特的半馴化狀態。

一但蜂群成長到一定程度，足以產生新的蜂后與分家的時候，蜜蜂隨時可以分群，有時候一年裡甚至可以發生不只一次。但要吸引熊蜂的蜂群，只有在春天或是初夏時節，當蜂后剛剛甦醒現身，正準備建立自己的窩巢的時候。這種季節性的對比根深蒂固，也說明了這兩種我們所熟知的蜂種之間的許多差異。蜜蜂在熱帶和亞熱帶氣候下演化，而熊蜂則幾乎完全適應於溫帶環境，這裡的冬季更為嚴酷，最好的存活策略就是讓蜂后進入冬眠。熊蜂的生物學特性強調即時性，工蜂依照需要在各種任務和社會角色之間切換，以在可能非常短暫的季節中維持生產力。生活在高山或者北極的熊蜂，必須在數週內完成整個群體的生命週期。這種固有的短暫性也解釋了為什麼諾亞和我在馴養熊蜂的領域中幾乎沒有同伴。因為蜜蜂演化成能夠一整年都生龍活虎，牠們也製造大量的蜂蜜，足以在乾季、寒流來襲、雨季或者是任何時刻，維持成千上萬隻工蜂。熊蜂也製造蜂蜜，而且也同等美味。但牠們的生產相比之下卻是少得可憐，僅足一小撮蜂在偶爾的雨天裡勉強餬口。

當春色漸深，我們島上的天氣也逐漸變好，諾亞和我對那些散布在果園中的靴子和茶壺抱著高度的期待。但作為備用計畫，我也開始注意所有我能找到的有關追蹤蜂跡的資訊。在那些缺乏蜜蜂嚮導的地方，狩獵者學會在花上捕捉工蜂，然後在牠們的背上黏上花瓣、葉片或者羽毛，以便讓牠們顯而易見，易於跟隨其飛行路徑找到蜂巢。細心聆聽也是重要的追蹤工具。據報導，位於剛果部的木布堤蜂蜜獵人僅靠聽覺，就能準確地找到蜂巢，每趟出獵的成功率約每人兩到三個巢，而且都在營地附近的步行距離內。這樣的數據讓我能夠保持樂觀——如果我們所設置的巢穴沒有一個被蜂看中，那我們就在這一季的時間裡，想出一個方法去找到牠們蜂巢的位置。然而，事情總是比想像的要困難得多。

早春裡的兩天溫暖陽光為我們揭曉了今年度首次期盼已久的蜂影，但隨後雨季又回來了，冷颼颼的疾風暴雨接踵而至，對我們的小島展開連番襲擊。在一個特別潮濕的冬季過後，即使對我們這些在太平洋西北部出生和長大的人來說，這種天氣也顯得相當刻薄。然而，對於蜂來說，情況變得更加糟糕。從冬眠中甦醒的早春蜂后發現自己在這寒冷的天地中消耗著珍貴的能量儲備，花朵卻難覓蹤跡。雖然環境終究會再次回溫，但這次的空歡喜一場無疑帶來了沉重的打擊。在我們所有的蜂巢中，只找到一隻早春熊蜂，那黑身橙臀的蜂后剛爬進了浣熊小屋門廊的一只靴子中，就在鞋頭處慘然結束生命，猶如無數其他蜂類，無法抵擋寒冷潮濕和飢餓的雙重襲擊。

然而幸運的是，並非所有的熊蜂都生而平等。正如詩人雪維亞・普拉絲所知，蜂后從冬眠中醒來，不僅僅是一個開始，牠本身也象徵著延續。春天熊蜂的數量、狀況和健康狀況都直接取決於上一個夏天的成功與否。在每一個季度的結束，老蜂后、工蜂和熊蜂都會死去，牠們將所有的希望寄託在幾個選中的「存活者」身上。以韓瑞希的經濟學術語來說，那些越冬的年輕蜂后代表著淨利，是同窩蜂族投資了所有努力與花朵能量的生殖收入。而新的蜂后——還有那些與其交配的雄蜂——在季節的尾端，以蜂群所能夠負擔得起的數量「產製」而出。一個資源有限的蜂巢，或者是恰逢寄生蟲或是疾病之變，可能連單單一隻交配過的蜂后都生產不出。但當資源充沛的時候，蜂群茁壯夠大，能夠產出上百隻交配過的蜂后。興旺昌盛的蜂群也能夠供養其蜂后更多的食物，而產出大而壯的個體，好有更多的本錢能夠在惡劣的冬天或是不比尋常般的寒冷春季裡存活下來。最後，熊蜂演化出了適應的戰略，打破休眠的訊號存有變數而各自迥異，以防止任何一子代的蜂后突然在同一時間裡全部一同醒來——這就像是對壞天氣、不規律的花期，或其他可能問題所買的保險。在季節漸深時，諾亞和我看到蜂后漸多，也開始瞧見工蜂的蹤跡，顯示窩巢就在我們周遭附近某處開始成型。而我們首次嘗試外出尋找之旅，即從雞舍開始。

在我們為數不多的雞群裡，最長壽的是隻叫作「金雞」的淡黃雞母雞。如今上了年紀，隨著年齡的增長，牠的身體變得越來越肥大，這使得牠進出雞舍狹窄的門口時顯得吃力。而這結果便是滿地掉落的羽毛，成了唾手可得的貨源——若這些茸茸黃毛拖曳在熊蜂跟後，感覺很容易追蹤。我們挑了一根剛掉下來、看起來不賴的羽毛，修剪成適合的大小，然後返回家裡，諾亞也隨即在附近醋栗叢花朵上抓到一隻熊蜂。在讓我們的實驗對象在冰箱冷凍庫「冷靜」一段時間之後（建議用以安撫冷血生物的策略），我在熊蜂腹部頂端塗上水溶性黏膠，並將羽毛貼上。然後我們將牠放在門廊的最高階梯，隱藏在附近，穿好鞋子，做好跟蹤的準備。

牠花了一點時間讓新陳代謝回溫到正常生理狀態，但沒多久，牠就忙碌地梳理起觸角，看似對於飛行準備就緒。我們看著牠鼓動腹部然後顫動，好把肌肉所產生的熱量散布到全身。然後，以一個只有不耐煩能形容之態，抬起一隻後腳抓住羽毛，將其一把扯下。

在一本頗受歡迎的兒童詩歌裡，十九世紀英國詩人柯爾瑞基曾文思泉湧：「我希望我們能感受到／就算只是微不足道／那熊蜂心裡的善良多閃耀。」[8]很顯然，柯爾瑞基小姐從來沒有嘗試把一根羽毛黏上她那隻熊蜂的腹部。如果她瞧見我們這隻熊蜂如何粗魯地把那根惱恨的羽毛，六腳全上地搓成一顆黏球，然後昂首飛入一片陽光普照，翅膀短暫拍鳴後便隨即飛離了視線，柯爾瑞基小姐的筆下韻文或許會完全不一樣吧。我們嘗試在這大方向底下變換了幾種策略，結果卻都大同小異。熊蜂可能看起來像笨拙的泰迪熊，但牠們的腿卻異常的靈活，適應於從身體的任何地方清理花粉。就算是最小、最黏的羽毛也都能夠以最快的速度處理掉，而且就算是把羽毛用線綁住也難不倒牠。所謂路不轉人轉，我們把幾隻蜂撒上亮藍色的粉筆灰，這讓牠們在樹葉間或草地上依然顯眼。（馬來西亞的木蜂，因帶有藍色的厚絨毛而天生亮眼，想必當牠們舞躍於雨林時，要追蹤起來是小菜一碟。）不幸的是，一但我們的粉筆灰蜂飛過藍天時，就完全消聲匿跡，讓我們距離牠們隱藏的巢穴只不過近了幾個小跑步的距離罷了。

在最後，我們成功的方法恰好是蜂蜜獵人們或許早已習以為常的做法：對蜂類保持一種高度且習慣性的警覺。每當有蜂鳴而過，我們的頭必跟著轉向，而且我們也開始特別留意那些被諾亞傳神地形容為「嫌疑很大的蜂」——可能是正在研究上翹樹枝殘幹根部的蜂后，或是在明顯沒有花粉、花蜜來源處逗留的工蜂。當我看到一隻蜂從靠近花園處的老舊馬房裡飛出來，我們沒花多少時間就發現在馬房裡頭有不只一處，而是兩個窩巢。一隻夕卡（Sitka）熊蜂蜂后把「家」選設在一陳年木板下，離另一處、由另一種被稱作毛鬚蜂的熊蜂物種所棲據的廢棄田鼠洞甬不過不到十英尺之遙。[9]我發現，只要把一張折疊式躺椅擺在兩巢中間的走道上，我可以同時觀察這兩巢入口處的動靜，而且同時寫這本書。後來，這可是工作效率極高的寫作場所。遠離了電話與電子郵件，能中斷我的只剩那讓人愉快的熊蜂來來去去。

起初，我只看見兩隻蜂后，堅毅不撓地一次又一次往外飛著，回來時後腳滿載著好好裝妥的花粉。在群落發展的最初幾個關鍵禮拜，蜂后事事都得自己來——像獨居蜂一般地採集糧食、產卵。但如果我能夠朝巢裡偷窺的話，必能看到這些窩巢和泥壺蜂、掘蜂、鹼蜂的窩巢明顯不一樣。與其把產下的卵封存在各自獨立的小腔室裡，熊蜂蜂后把卵成群放在一起，然後像鳥一樣孵著，用牠自己的體溫來加速卵的發育。從我躺椅上的角度看過去，只需稍微留意一下時鐘，我就能大概猜出各個蜂后此刻正在做什麼。把一團花粉或花蜜放妥於巢內，只不過需要短短一分鐘，但當有卵需要孵的時候，蜂后很可能在覓食飛行之間，在窩巢內待上將近一個小時。後來，這彷彿成了一場競賽，看看哪一窩能先孵出第一批工蜂。不過，當那一刻終於來臨的時候，我幾乎是完全錯過。

「好小！」我筆記上寫著，形容在那藏匿了夕卡熊蜂窩巢的陳年木板處，我所發現兩隻嗡鳴而出的黑黝昆蟲。牠們看起來就像家蠅，但在腹部裝飾著一小撮白絨毛。在熊蜂研究的專門術語裡，這些甫出世的工蜂被稱作「菜鳥」，而牠們的體態也只是直接反應了有限的伙食。蜂后獨自孵化養大這第一批幼蜂，常常無法供給足夠的花粉，讓牠們可以完全激發生長潛能。換而言之，蜂后斷其體位，以求速成，念茲在茲能夠建立起社會性蜂族群生活形式所特有的類階級分工。最終，保姆蜂、警衛，還有大量的其他工蜂，會挑起維繫日漸壯大的群體之責，讓蜂后專心致志地投入於產卵一職。靠著愈來愈多的成蜂採集花粉、照顧幼蟲，接下來的幼雛最大可以長到比那些由蜂后自己帶大的要大上十倍。當我瞧見那兩隻「菜鳥」時，我知道這一切大抵已是現在進行式，但當我看到牠們外出覓食時，心裡依然五味雜陳。這意味著我大概是最後一次看到牠們大而笨拙的蜂后。正是那讓工蜂擔起採集花粉與花蜜重責的分工，讓蜂后可以在黑黝黝的窩巢裡度過餘生，在不斷擴增的育雛室、花粉儲藏室和蜂蜜罐網絡裡，成為一部被其子代環繞的產卵機器。不過，自此之後，我不但沒有再看到蜂后，也不見那群體裡的「菜鳥」或是其他種蜂。當我再次在躺椅上坐下來，準備另一輪觀察時，這夕卡熊蜂窩巢是一片死寂。

達爾文曾經把某些野花的命運，和家貓的盛行率搭上關係：他指出貓吃老鼠，老鼠齧食熊蜂蜂巢，而熊蜂對於諸如紅花苜蓿、三色堇，與幾種野生紫花地丁的花是不可或缺的傳粉者。[10]他的結論是：「因此，大量貓科動物在一個區域內的存在，很有可能透過先影響老鼠，然後影響蜂群，進而決定該區域特定花種的分布密度！」[11]

後來，新聞評論家把這個模型加以延伸，納入英國鄉野農村裡上了年紀的未婚女子（很常養貓）與皇家海軍的水手（所吃的鹹牛肉是由吃苜蓿的牛所製成），因此把不列顛帝國的防禦能力，和老而愛貓的未婚女士人數給綁在一起。這起軼事常常被用來當作早期解釋食物鏈概念的逗趣例子，但以達爾文的說法來論，這也透露出他對熊蜂的敏銳瞭解。史萊登、普拉絲，和其他專家學者都證實嚙齒動物的確捕食熊蜂聚落，尤其是像我的夕卡窩巢一樣剛剛建立起來、只有少數幾隻個頭小小的工蜂能夠防衛的蜂窩。當我把陳年木板翻起，檢視底下所剩的殘餘時，我想不出更好的緣由來解釋我眼之所見。畢竟，我知道這馬棚裡與外頭，都住著鼠輩，而且牠們搞不好還是窩巢的第一批住戶。窩巢包括兩

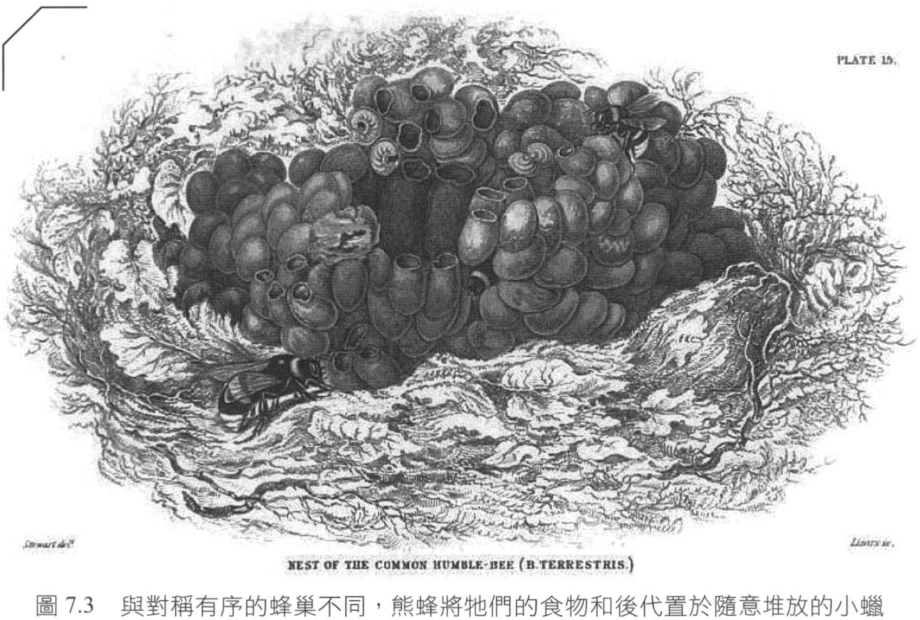

圖 7.3　與對稱有序的蜂巢不同，熊蜂將牠們的食物和後代置於隨意堆放的小蠟罐中。維基共享資源。

個小的腔室，透過甬道連接到一處大量糾結著乾草、白楊木樹葉、成捆細繩、布料碎片，以及由閃亮穀物棒包裝紙而來的箔紙碎屑。沒有其他動物從外頭侵入的跡象，也沒有證據顯示蜂在裡頭或死或病。反而比較可能是有好奇的小鼠或是大鼠，只不過是順著甬道便直入蜂窩大門，擊潰菜鳥，然後鯨吞視野所及的一切。唯一一個能看出蜂曾把這裡當家的跡象，是單一個黃褐色蠟質缸狀囊物的一部分。

失去夕卡蜂窩確實讓人感到遺憾，但即使在我與諾亞歷經一連串的失敗嘗試，如不適當的靴子和自製設備後，蜂窩的消失讓我認識到了我之前未曾理解的事情。（除了那些之前所提及的嘗試，我們還敗給浣熊一個巢箱，也目睹一隻蜂后在最初嘗試起步階段便遭逢螞蟻之害。）正如那些關心蜜蜂的人一開始告訴我們的，養蜂確實是一項艱鉅的工作。為了建立和維護一個健康的蜂群，需要克服大自然中連續不斷的挑戰，包括競爭對手、天氣變化，以及來自掠食者、寄生蟲和疾病的威脅。即使在野外，成功都是例外而不是常態。如果每一隻蜂后都能成功建立強大的蜂群，那麼結果將是蜂群的過剩和無法永續維繫。儘管我們的努力中有些挫敗，但我們對熊蜂的熱愛讓我們持續在野外找到牠們的窩，無論是在森林中、我們的房子附近，還是城市的人行道裂縫中。而我仍能欣賞到在田鼠甬道處的毛鬚蜂窩，看著牠們忙進忙出，讓我不再能夠假裝自己在認真寫作。幾週過去，牠們收集的花粉顯示出我們附近花園的變化，從蘆筍植物上的鮮橙色，變成罌粟的黑色，再到南瓜和哈蜜瓜的白色。這正是結束養蜂嘗試的最好方式，因為不管我們對牠們的生物學有多麼著迷，或者我們有多麼喜歡牠們的蜂蜜和蠟，我們與蜜蜂的最深層連結還是在於牠們如何影響我們的飲食。

第八章　每三口食物

跟我說你吃了什麼，
然後讓我告訴你，
你是怎樣的人。

——法國諺語

市井之間的傳說總是說，人類飲食裡每三口食物，就有一口得仰賴著蜂。對處於蜂蜜旺季裡的哈扎獵人來說，這粗算數字倒是被低估了。對於我們這些其他人來說，這數字則暗示了我們所大大虧欠於蜂，為其傳粉之務，幾乎可謂默默無名卻是我們農業系統的核心。不過，要步步解析「每三口」的估算是如何達到的，倒是頗具挑戰。若以體積而論，全球百分之三十五的農作產量來自於必須依賴蜂與其他傳粉者的植物。而這數字極為接近三分之一，但並沒有把我們所有從肉類、海鮮、乳製品或是雞蛋裡所獲得的卡路里計算進去。若單純以食物種類而論，這比率則比較接近四分之三：在我們最主要的前一百一十五種農作物裡，有超過百分之七十五必需或是受益於傳粉者。營養學家則採用另外一種方法，指出需要依靠傳粉者的水果、蔬菜還有堅果類，提供了我們飲食裡超過百分之九十的維生素C、所有的茄紅素、絕大部分的維生素A、鈣質、葉酸、脂質、各種抗氧化劑還有氟化物。

傳粉作用很顯然對我們的食物有極大的影響，但蜂對任何一口食物的重要性，則取決於你咬下去的那口食物是什麼。牛和其他可食用的動物不需傳粉者便能夠飼養，而像小麥與稻米這類主食，則是靠風傳粉的草本。不過，如果你想要為盤中肉增添風味，或是在麵包上塗抹些美味果醬，那情況就頓時變得複雜起來。與其專注於蜂如何影響食物的數量，探討牠們如何影響食物的品質反倒是更有意義。在一個沒有蜂的世界，我們依然可以找到食物果腹，但盤中飧會變得如何呢？行經超市農產品那條走道或是拜訪農產市集的時候，經驗鐵定會變得完全不一樣，可選擇的品項由五彩繽紛的富饒，銳減為幾種穀物、一兩種堅果或是包括香蕉這種古怪的無性繁殖品系。（就連像豌豆、茄子這類能穩定自花授粉的植物，最初也是由靠蜂傳粉的品系所培育而來的。）這變化是顯而易見的——在水果與蔬菜品項裡，選擇變少。為了真正體驗到蜂在我們的飲食供應中所造成的廣泛而深遠的影響，我決定從一個全然想不到，也幾乎不太可能的地方著手，那就是某個在全球各處超過一百個國家，每天供應超過兩百五十萬份的餐飲店。它的原料非常簡單，而且乍看之下，似乎和嗡嗚的昆蟲彼此之間是八竿子也打不著的關係。而我知道這個是因為，就像其他幾百萬人一樣，我剛好還能對這道食譜朗朗上口呢。

大麥克最初在一九六七年時，在麥當勞賓州分店推出，幾年後亦在全美菜單上都能見到。但一直到一九七五年，大麥克才引起了轟動，那時候麥當勞首次推出了相關廣告，那首可是有史以來最為成功的廣告歌曲：「雙層純牛肉、獨特醬料加生菜，吉事洋蔥酸黃瓜——芝麻麵包蓋上去！」[1]在限定時間裡，顧客只要能夠在三秒鐘內快速念完整段話，就可以獲招待一份免費的漢堡。雖然自高中之後我就沒有再吃過一次，但我深深記得那味道，並開始揣想，蜂——如果真能摻上一腳的話——會是什麼樣的角色呢？

生活在鄉野小島上的好處，就是清新的空氣、清晨時分的鳥鳴，還有唾手可得的柴薪。但要恰在午餐時間趕到一間正宗的「黃金雙拱門」，我還來不及把早餐消化完就得出門了。花了一個半小時的時間乘坐渡輪，然後騎著腳踏車輕快地抵達最近的小鎮，我終歸是到了麥當勞，飢腸轆轆地可以在好好檢視大麥克前就狼吞虎嚥掉。當我排隊等待時，可以聽到從廚房傳來炸爐鬧鈴與烤箱定時器的叮叮聲，廚房裡一排的人手肩並著肩，用閃電般的速度把漢堡組合、包裝起來。我試著看他們處理我的點餐，但沒什麼用——他們的手快到連成一片。

如果有人從未吃過，那大麥克其實就是三片漢堡麵包、兩層肉，然後用醬汁與洋蔥黏附在一起。酸黃瓜放在上層漢堡肉的下面，而起司（吉事）則在下層漢堡肉底下，會稍微地融化然後垂貼在最下面的漢堡麵包。幾把切絲的生菜與切碎的洋蔥，混著醬料撒上每片漢堡肉的底下。準備好了鑷子與手握放大鏡，我開始分解拆卸這整體結構，一層又一層地，把任何沒有蜂的協助就不可得的原料通通移除。（為了當參考資料用，我還帶了從麥當勞官方網站上所印下來，有著詳細原料與營養成分的清單。）而這就是我所得到的結果，依照那則著名廣告的順序排列。

那兩層純牛肉可以保留。麥當勞的資料顯示其肉品由幾個大經銷商而來，而那些經銷商又從上千個農場與牛飼養場所購得。裡頭有些牛大概曾經慢嚼過一些靠蜂傳粉的苜蓿或三葉草，而且圈養場也已知會為了養肥這些牲口，用盡食品工業裡所廢棄不要的各種東西，從過剩的冰淇淋配料和蟲蟲軟糖，到靠蜂傳粉的櫻桃汁與果醬填料。[2]但除了少數的例外，絕大多數的肉牛飲食還是以靠風傳粉的牧草與穀物為主。若說到調味，麥當勞在肉裡加鹽，這也沒有什麼大不了，但他們還撒了胡椒粉，而這就亮起了第一個可疑的紅燈。黑胡椒來自於一種屬於胡椒屬熱帶藤本植物，原生於印度南方。無針蜂常態性地造訪其花，但許多胡椒的品種是自育而生，而且有些實驗發現單靠風或者甚至是雨滴碰撞，就能夠散布足夠的花粉而奠基一場好收成。不過，畢竟那顆粒實在是太小而難以移除，我決定胡椒也可以留著。

不過，至於那獨特醬料，可就不太是這麼一回事了。身為千島醬的變化版，那奶稠、粉紅色調的調味包含了一種甜滋滋的醃漬滋味，這是由靠蜂傳粉的黃瓜所製成的，還有被磨成粉狀的洋蔥，這種鱗莖作物需要蜂才能產出種子和培育新品種。而這醬料的顏色則來自辣椒，是種靠蜂傳粉的胡椒；還有薑黃，是薑科裡一種靠蜂傳粉的草本植物根部。而其奶脂狀則是因為大豆油或是芥花油。雖然黃豆是自花授粉，但若有了蜂的幫助，則產量可以提高到百分之十五到百分之五十之間。芥花——這是油菜花的商品名稱——也必須仰賴蜂才能有好收成並產出能播種的種子。[3]如果沒有了蜂，那……這醬料裡唯一能存在的，只剩下玉米糖漿、蛋黃、食品保藏劑和一些次要成分，名稱像是「褐藻酸丙二酯」（是種從昆布提煉而來的增稠劑）。

為了移除一團團的獨特醬料，我不得已也刮除掉大部分的生菜，但其命運大概也是終將如此。雖然我們只食用它的葉子，而且植物本身可以靠自身授粉來製造種子，但隧蜂和其他種蜂也的確會造訪萵苣的花朵，誇張地促進受精作用比例，並且能夠在相距一百三十英尺（四十公尺）之遠的植物間運輸花粉。[4]出名的種子大師伯比在一八九〇年代早期的時候，在賓州自有的農場裡，透過一連串天然傳粉的試驗，培育出叫作「結球」萵苣的變種。

既為牛的另一種相關產品，猜測大麥克上的那片起司是無蜂產品，最先看起來是沒有什麼可爭論的。不過，雖然肉牛多半吃牧草與穀物，有些研究顯示乳用母牛可是興致勃勃地吃了這世界上絕大多數的苜蓿，而憑仗著我之前的經驗，我知道苜蓿依賴鹼蜂與切葉蜂。因為含有高蛋白質與高礦物質，苜蓿是牛乳生產業最佳的飼料；而且製乳業指導綱要裡，建議每日供十四磅到十六磅的這種糧料，給畜群裡的每一頭泌乳動物。當然，這些母牛可以單靠牧草生存，但繼而產出的乳製品產量會變少，成本亦會提高，導致無法在便宜的速食漢堡業裡取得一席之地。雖然這論點仍有待商榷，但苜蓿也並非是蜂能影響起司片的唯一途徑。起司片還包括黃豆的衍生製品乳化劑，而且那獨具一格的黃色是由胭脂樹明亮色種子而來——身為熱帶植物，其傳粉可是得靠多種南美洲熊蜂。於是，我把起司拿掉，連同那較為明顯、跟蜂有關的酸黃瓜與洋蔥。於是，只剩下漢堡麵包了，而根據我手上從麥當勞取得的資訊顯示，除了麵粉，還有十五種其他原料。如同麵粉一般，其他原料大多是無蜂產品，或是有容易取得的無蜂替代品，除了一個例外：芝麻種子。作為這世上最古老的耕種作物之一，芝麻早在很久以前，就被選擇性育種為能夠自育的品種。沒有人研究其栽培耕作中的生物學，但憑藉照片上它那引人注

圖 8.1　一個被拆解的大麥克漢堡：左側呈現較少依賴蜂的漢堡肉餅和麵包，右側則展示所有依賴蜂的成分，從醃漬小黃瓜、特製調味醬，到麵包上點綴的芝麻。照片為作者所有。

目、兩側對稱的花朵，毫無疑問它最先開始的時候，一如其野外的親族一樣，幾乎全仰賴蜂來授粉。靠著鑷子，還有來自隔壁桌那家人的好幾道好奇目光，我自漢堡麵包的頂上，移除了兩百四十三顆芝麻種子，然後把它們歸類到那堆廢料裡。

把跟蜂有關的原料剔除之後，我的大麥克現在看起來糟糕透頂也絲毫引不起食慾。單憑這副形象，很難想像這可是世界上最受歡迎的漢堡。當然，廣告口號也變得不可能讓人一聽就記住：「雙層純牛肉，麵包蓋上去」。如同大麥克一樣，幾乎所有的食物都可以解構然後詳查蜂對其的影響。試試看，然後你會領悟到我所頓悟的：是啊，在一個主要傳粉者消失了的世界，我們仍然有東西吃，但吃東西這檔事將會變得索然無味（而且也不是很營養）。當我把午餐殘骸撿起來吃掉時，我發現我甚至不能點一份薯條來安慰自己。麥當勞使用一種叫作露莎波本的馬鈴薯，是由著名的植物育種專家波本（他是伯比的表親），經由天然傳粉的早熟玫瑰變種種子所培育而得。用需要蜂才有的芥末醬或是番茄醬來佐味，當然也是想都別想。最後，對於眼前這餐大麥克，我做了在沒有蜂的世界裡我們都得做的：有什麼就吃什麼吧。

表 8.1　下表列出一百五十種作物，它們或完全需要靠蜂傳粉以產生果實或種子，或在蜂出現時會有明顯的產量增加，顯示出這些作物對蜂傳粉有絕對需求或從中獲益的情況。此表的內容取自 McGregor 1976, Roubik 1995, Buchmann and Nabhan 1997, Slaa et al. 2006 還有 Klein et al. 2007。

丁香	芹菜	塊根芹	西班牙小辣椒	馬鈴薯	羅勒
人參果	金柑	椰子	佛手瓜	馬薄荷	奇異果
八角	南瓜	椰棗	李子	馬鬱蘭	抱子甘藍
三葉草	哈密瓜	楊桃	杏仁	捲心菜	板栗
大豆	扁豆	腰果	杏桃	接骨木果	枇杷
大蒜	柑	萵苣	芒果	榴槤	油麻菜籽
大頭菜	柚子	葛縷子	豆類	綠花椰	油棕
小茴香	柳丁	葡萄柚	亞麻籽	蒔蘿	油菜籽
小荳蔻	柿子	葫蘆	咖啡	辣椒	波羅蜜
小黃瓜	洋蔥	葫蘆巴	胡椒	墨西哥酸漿	梨
山藥	秋葵	酪梨	胡蘿蔔	寬葉羽衣甘藍	甜瓜
太平洋麵包樹	紅毛丹	鼠尾草	苜蓿	歐防風	甜桃

巴巴多斯櫻桃	紅椒	榅桲	苦苣	歐芹	甜椒
巴西堅果	紅菊苣	甘蔗	茄子	歐楂	甜葉菊
月桂葉	紅醋栗	甘藷	韭菜	蔓越莓	芫荽
木瓜	番紅花	白花椰	香水檸檬	蝦夷蔥	朝鮮薊
木豆	番茄	石榴	香草	橘	棉花
木薯	萊姆	向日葵	夏威夷豆	蕎麥	羅望子
牛至	雲莓	地生豆	桃子	蕪菁	鬬華豆
仙人掌梨	黃酸棗	多香果	胭脂樹	蕪菁甘藍	蘆筍
可樂果	黑莓	百里香	茴香	櫛瓜	蘋果
玫瑰果	黑醋栗	百香果	草莓	檸檬	櫻桃
芝麻	圓葉葡萄	羽衣甘藍	荔枝	藍莓	露莓
芥末	花生	肉豆蔻	豇豆	覆盆莓	蘿蔔
芭樂	花楸果	西瓜	迷迭香	雜穀	鷹嘴豆

不論是依數量、種類、營養成分還是美味程度來衡量，幾乎我們所吃下的每一口食物，都多多少少受到蜂的影響。然而，值得一提的是，我們也可以從其他種類的動物中得到傳粉的幫助。家蠅、胡蜂、薊馬、鳥類、甲蟲以及蝙蝠，都多少參與了農作物的傳粉，並且在緊要關頭時，人類也有為此有所貢獻。孟德爾在其開拓遺傳學的先驅研究裡，親手為超過上萬種豌豆授粉；而現代植物育種家也使用類似的方法來創造新的雜交種或是交配出極其大有可為的變種。但對任何需以商業規模加以生產的，靠手傳粉通常被視為過於勞力密集，故是萬不得已下才會考慮的最後手段。一個值得注意的例外，是一種味甜、在熱帶國家有的水果，而且從埃及到巴比倫等地方一度被視為神聖之果。如今，栽植於世界各處的沙漠地帶，最近其每年產量可以高達七千五百萬公噸，比酪梨、櫻桃與覆盆子加總起來還多。為了把那些所有果樹都授粉，每年有幾個禮拜的時間，得靠其栽種者搖身變成人類版的蜂。幾乎沒有其他的農作物需要這麼大的努力，而沒有什麼能比親眼看到這種過程更能說明我們欠蜜蜂的人情債了。

當我見到布朗的時候，他正嚼著椰棗。「我還是會吃這個。」他說道，然後像是自己也覺得有點出乎意料似的，咧嘴一笑。對於一個花了超過三十年栽植照料一果園、如今總數超過一千五百棵椰棗樹的人，或許確實是有點在意料之外。我看著他熟練地把種子吐在手裡，然後扔進附近一個標記為

「彈」盃的小盆。然後他轉過身來看我：「好啦，有什麼是你想去看看的嗎？」

我們站在奇那椰棗農場裡咖啡店與禮品館的外頭，距離死亡谷入口只有幾英里之遙，是加州莫哈維沙漠中央的一片綠洲。我提醒布朗我們之前在電子郵件裡所討論的事，他眼睛頓時亮起來。「啊對，是授粉！」他一邊說道，一邊很快地帶我到後面房間裡準備需要用到的東西。沒過多久，我們就開著他的貨卡車，帶著棉花球、一團麻線，和一把模樣古怪的彎刀顛簸著橫越田野。

「這邊的是綠棗（Khadrawy），是一種伊拉克的品種。」當我們在一處椰棗樹林裡停下來時，他如此說著。然後，他下了卡車，靠著樹幹把一個鋁製伸縮梯撐起來，把梯頂架在兩簇滿是尖釘般的葉柄基部中間。「我們很幸運呀，它們已經被除刺了。」他說著，同時解釋手工傳粉的第一步，就是切掉周圍葉子在葉軸基部那些成排、尖銳刺針狀的六英寸長葉刺。（後來，當我們討論到工人的勞動保障相關保險時，這話題又再次被提起。「這份工作涉及高空、尖刺以及利刀。」他搖著頭，一邊說著。「我被保險公司收取的費率簡直高到天際！」）但梯子固定好了，布朗把一截麻線繞過腰帶，抓了裝綿花球的罐子，然後把小刀插進牛仔褲屁股後面的口袋。然後，像是穿越平地一般，他邁開大步地帶著駕輕就熟的從容爬上梯子，一頭鑽進椰棗樹樹冠。

「你可以用任何來自雄株的花粉。」他朝下喊道。「但只有雌株會結果。」單憑這幾句話，他總結出關於椰棗的關鍵生物學事實。這正是植物學家所謂的「雌雄異株」（dioecious），語出自希臘文「兩座房子」，意即每一棵樹要不是單純雄性而開出六英尺、滿是花粉的垂吊式花簇，就是像布朗爬上去那顆一樣是雌株。「我們大約會剔減掉三分之一的花，不然果實就會變得太小。」他說著，一邊把一些黃色花梗從花團裡搖落於地。我從附近的地上撿起了一枝，發現這兩英尺長的梗上，全布滿了小花結節，每一朵都是一個成形中的未來椰棗。

若讓這些植株自食其力，它們就得仰賴風來達成授粉。[5]但雖然這對於針葉樹、禾草類和許多其他植物而言，都是成功之策，這方法對於椰棗樹來說，卻不甚完美，至少是過於不穩定而無法保證有穩定的產量。就算是在管理良善的果園，大部分的雌花在接收到經風傳播而來的花粉前，便已枯萎。歷時四千年裡，栽種者早已認命，人工授粉是唯一能讓椰棗在商業經營上可行的辦法，能將產量提升至五倍。[6]埃及人這樣做，還有亞述人、西台人、波斯人，甚至是基本上所有從北非到中東的各種文化，也都如此。一代傳一代，他們對於授粉的專業技術，已經讓椰棗由一季節性的路邊小吃，轉變為古代社會裡的主要水果。[7]

看著布朗在樹頭工作，我意識到這工序自西元前三世紀希臘學者泰奧弗拉斯托斯所記述以來，改變是微乎其微。泰奧弗拉斯托斯如此描述：「當雄株開花時，他們立即剪去花苞……，並將花朵與花粉撒在雌花之果上。」[8]不過，布朗不用整枝椏的花柄，而是讓雌花浸潤於罐子裡沾滿花粉的棉花球，棉花球在每一個花枝上，上上下下滾動著，好確保每一朵花都被觸及到。「然後，我們把花綁在棉花球附近。」他朝下頭說，一邊熟練地從腰帶處拉出兩條麻線繩，然後繞纏上長長的花序。把棉花留在原處，可以讓更多的花粉在接下來的時間裡，搖搖晃晃地灑落而讓晚開的花仍能受精。最終，四散於果園的雄株，依然能多多少少地藉著風力而傳粉。不過，此時，這些雄株尚未開花，而布朗是靠著去年的花粉揭開這一產季的序幕，而

圖 8.2　體現以人代蜂：圖為果園主人布朗，在他位於加州莫哈維沙漠的奇那椰棗農場裡，親手對棗棕樹進行傳粉作業。照片為作者所有。

這些花粉雖然在咖啡店裡的大型冷凍庫裡存放了一整個冬天，依然完好，花粉可就被擺在用來製作咖啡店招牌、椰棗奶昔的旁邊。

在我們離開之前，布朗仔仔細細地又示範給我看了一遍整個流程，在每一個步驟處停頓，好讓我可以問問題，並且拍照。我如夢初醒般恍然大悟，這不是他第一次教導別人如何為椰棗樹傳粉。「其實，我今天早上才剛訓練了兩個人」他承認，而我們所聊的話題也轉到人力資源上的挑戰。在任一個產季，他的傳粉團隊包括了他自己，還有各種全職與兼職的當地員工，再加上從世界各地而來的志願者。他們來打工度假，藉著學習椰棗這行來交換食宿。「這就像是商業版的網路交友。」他解釋著。他農場的員工宿舍裡，已經有遠從比利時、德國與蒙特婁而來的寄宿者，而且下一秒隨時都有更多的人準備加入。「今天有幾個從俄國來的人會到。」他說道，「還有從法國來的一家人會在明天抵達。」當我在奇那椰棗農場的參觀行程繼續時，很明顯布朗毫無困難地能讓他們所有人都有活可忙。

「這花，可是依序綻放。」他說著，並且解釋一株健康的樹如何產出十到二十叢花序，並且成熟為成串下垂的椰棗，每一叢都能重達七十五磅（三十四公斤）。但，因為花期完全無法預料，便需要每天去檢視勘查每一棵樹，好在花叢綻放之際，正好趕上授粉的最佳時間。接下來一次又一次的攀爬可能需要梯子、能夠升高平台的牽引機，又或者對於最老又最高的椰棗樹，會需要那種通常被用於電話線或是體育場燈光設備的高空作業車。而雄株也需要察看，一次次地把花朵採集下來，然後在乾燥之後，在窗戶玻璃上磨搓，好抽取出花粉。「而這農作收成，也全是勞力。」布朗一度說道。他提醒著，不論是收成還是加工椰棗，都是高度勞力的手工作業，而且果實還必須要好好保護，以免受鳥類或是比較意想不到的害蟲之難。「郊狼也愛椰棗，」他說著，一邊認命似地聳聳肩。「牠們從最低矮的樹上摘取——甚至會用後腳站立起來，好能夠搆著！」

我們在布朗旁的車道邊結束了我們的參觀之旅，他的家是個低矮的農舍，他和已故妻子用了一萬八千塊親手製作的泥磚建造而成。我突然領悟到，種植椰棗似乎對布朗來說是一種最適合不過的選擇——他似乎就是一個熱愛以艱難的方式來處理事情的人。「我不是一個遵循主流的人，」他坦然承認。他告訴我，除了在科羅拉多州立大學學習農業的那幾年，他的一生都在奇納椰棗農場附近度過。他那曬黑的皮膚和藍眼微蹙的眼神，顯然讓他看起來就像是一個非常適應沙漠生活的人。像是要強調這點似一樣，當房子後邊乾枯山坡地傳來一陣鳥鳴，是四個空洞、下沉的音符，就像是一隻鴿子在瓶子裡低鳴，講話中的他突然頓住。「你聽到那悲切的哀啼聲了嗎？」他停頓片刻，然後繼續告訴我他經營生意的歷史點滴——他如何和妻子從西南部一處廢棄的果園裡，將那些非比尋常的椰棗品種移植過來，然後在自己卡車的後擋板處進行了首次販售。我們漫步走去查看為屋子提供遮蔭的一處雄株椰棗樹老林。山坡上的鳥兒已然沉寂，但我很確定不論我們在談論什麼，布朗仍然豎著一隻耳朵傾聽。

當一份被拆解的大麥克展現出無蜂世界的食物可能面貌時，椰棗樹則揭露了我們若要取代牠們，需要付出何等努力和辛勞。要在奇那椰棗農場這種中型規模的農場裡傳粉，需要在椰棗樹爬上爬下不只六千次。而其他果農，因為有蜂，才能不花分毫便得到如此之量的勞力。即便他們租借商業用蜂巢，所花費的經額也遠遠比不上栽植棗樹的農人聘請人來把工作完成的花費。例如，蜂就不需要操心工人的勞工保險。一次又一次，布朗強調出色的傳粉作業對於維繫他生意命脈有多重要，但當我窮追著問這增加了多少營業成本時，他遲疑了。「我不想把那數字算出來，」他說道：「那只會徒增抑鬱。」不過，簡簡單單靠著走訪一趟我家附近的超市，我還是找到答案了，加州椰棗售價是每磅九點九九元，是農產品架上其他東西的兩倍有餘。如果我想要在某個水果上花更多的銀子，我的最佳策略是香料調味品那條走道。在那裡，我可以為了買一對被稱作香草的蘭花果莢豪擲二十七點五元。你或許也猜到了，香草是世界上除了椰棗外唯一一種主要依靠人工進行傳粉的重要農作物。[9]

在我結束和布朗的談話之後，我決定如果沒有來杯禮品店裡赫赫有名的椰棗奶昔，那這趟奇那椰棗農場之行就不算結束。為了培養「渴」意，我小小地健行了一下，穿越周圍的沙漠，走到附近阿馬哥沙河河邊的狹縫峽谷。沿著步道，經過了一處廢棄自耕農場的傾斜石牆，還有一堆有人開採石膏後所留下來的白色遺跡。灌叢和低矮仙人掌樹叢向四方綿延，而環繞的山坡像是被太陽焰燒過似的曝露，恍似岩床被巨人揉捏後就被扔到一邊。這與我所熟悉的綠意盎然的森林形成了強烈對比，但這個地方有一種令人敬畏的寬廣寂靜，我能看到一些吸引人的小風景。我把這趟旅程安排在椰棗花開的早春時節，而我也注意到也正準備綻放的第一批沙漠野花——預期之外的點點黃色向日葵，還有偶然可見栩栩然的藍色鐘穗花。冀望著能瞧見蜂，我找到一塊不錯的地方，坐下來看著。

時間悄然無聲地一分一秒流逝，卻不見任何傳粉者的蹤跡，直到我注意到一隻歡快地飛來飛去的褐小灰蝶，這可是北美洲最小的蝴蝶。翅長連半英寸都不到（十二公釐），若要照顧這麼多花，牠就像是個寂寞無助的小不點。但沒有蜂現蹤來幫忙。理智上來說，我知道這時節，大概還為時過早。這棲地看似完美，而且我周遭附近一定有成群的蜂正在冬眠，舒服地塞躲在位於地底巢穴、河流凹岸、鼠洞，或是細枝與莖幹的中空尾端處的冬天小屋裡頭。當氣溫回升，而繁花在接下來的日子裡蔓延，那些蜂絕對會出現，以嗡鳴聲讓這片沙漠生機蓬勃。我對這些事情心知肚明，但仍然在健行完、享受過奶昔、道別過奇那椰棗農場的久久之後，依然覺得心煩。

在二十一世紀，蜂的消聲匿跡不能總是以時間點不對而加以總結。當我在寫這本書時，超過八十位世界各地的蜂專家，發表了第一份關於傳粉者族群的全球評估報告。只要是跟蜂有關的數據，他們發現大約有四成的物種，被認為是數量正在減少或是瀕臨絕種。這項發現上了新聞頭條——突然間，討論蜂群消失之後的世界樣貌不再像是單純的思考練習。接下來的篇章裡，敘事將會從關於蜂生物學的故事、我們之於蜂的連結，轉變為坦白地看看牠們的前景。而這始自田野間，一個心懷希望之深，幾乎能匹敵，甚至是超越自己科學經驗深厚程度的人。

蜂的未來

造一座大草原需要一株苜蓿與單一蜜蜂，
單一苜蓿，與一隻蜜蜂，
與幻想。
僅僅幻想就能獨立完成，
若缺少蜜蜂。

——艾蜜莉 · 狄金生（賴傑威、董恆秀譯）日期不明

第九章 空蕩蕩的巢

最重要的是，不要停止發問。[1]

——愛因斯坦《老頭給年輕人的建言》，一九五五年草地在這小小的山間盆地裡，誘人地伸展開來，四周繞以橡樹、冷杉，還有黃松。從邊緣望去，我看見數十種燦爛盛開的野花，其中包括猶如尖塔般高聳的紫色羽扇豆，它們在天竺葵、紫苑、虎耳草，與大巢菜的五彩繽紛中矗立。我足足在路上奔波了長達十八個小時，只為了這一刻，和世界頂尖的熊蜂專家一起，站在熊蜂理想的棲息地上。然而，卻有一個問題。

「只可惜天氣不好。」索普遺憾地說。

在我們頭頂上，暴風雨雲層低壓烏黑地翻滾流動。一陣冰冷的風從山坡頂直竄而下，我真希望我記得帶件冬季夾克。我的手指頭抓著我捕蜂網的木柄把手，已然僵冷麻木。

但索普似乎不為其擾。在這行裡已然六載，他已經學會如何充分利用每一次田野研究。戴著寬緣遮陽帽和彩色眼鏡，還有那剃短的白色落腮鬍，他看起來就像度假中的聖誕老人——假設這位老精靈在加州打發其淡季時光，並且很常建行。「來看看我們能在花叢裡發現些什麼。」當我們開始時，索普如此說著。「要特別留意膠根菊——牠們酷愛睡在那裡。」

越過一排柵欄，我們緩慢地走向高草間，偶爾彎下腰檢視盛開的花，並且豎著耳朵留神翅膀的嗡嗚聲。索普蜂研習營裡的一個年輕學生，艾德里也有跟來，好增加一些野外研究的經驗。過了一會兒，他第一個發現了什麼，而出聲喊道。

我們快步趕了過去，在那裡，緊挨著天竺葵花瓣的，是一隻又黑又黃的大個頭蜂。令我驚訝的是，索普拿出一把看起來像是大型的塑膠水槍，伸出去，扣動板機。旋即，小小的馬達運轉起來，然後蜂就消失而出現在槍桶裡。「這東西非常好用。」他說道，並且指給我看印刻於側的品名：「小小探險家——昆蟲觀察吸槍。」（這家公司的行銷文宣說「小孩酷愛抓蟲！」不過，很顯然他們跟昆蟲學家的生意也十分興隆。）蜂已經掉進一個透明的「捕獲中心」，好方便觀察，不過索普馬上把蜂搖出來到自己手上。

「這絕對是蜂后的體型大小。」他說著，直視那靜止不動的形體。這隻蜂顯然因為寒冷而凍僵，或是牠仍在熟睡。「牠應該過沒多久會回溫過來。」索普接著說，並且點出這隻蜂獨特的特徵：臉部濃厚的黑色絨毛，還有毛茸茸的黑色腹部上，帶著一條黃色的條紋。艾德里正確地辨識出這隻蜂屬於加州熊蜂，是加州的熊蜂物種，而索普看似很開心。[2]之後，我們沉默了一會兒，而索普來回戳著手掌上毫無動靜的昆蟲。最後，他承認：「我想，牠已經死掉了。」

我們不可能知道到底是什麼原因使蜂死亡。或許，牠曾被蟹蛛攻擊，又或者，考量在我們周遭飄然而落的雪花片片，可能牠也只是太冷了。無論如何，這對正開始搜尋熊蜂的我們，實在稱不上是一個好兆頭。但我猜，事情有可能變得更糟。畢竟，大多數的資料顯示，我們所特別想要尋找的那種蜂種，已經絕種了。

「我從沒料到，我會親眼目睹這場災難性的衰滅。」索普跟我說，回憶起他協助美國林務處一個小型諮詢計畫的那天。那是在一九九〇年代後期，而他們希望索普可以在奧勒岡洛格河河谷處，找尋極為稀有的蜂，在當時，那個地方因為斑點鴞與砍伐古老森林而成為爭議中的焦點。於是，行政單位決定擴大來研究該地的生態系統，而不只是單單著重在單一物種。「如果那區域裡還有其他特別的物種，」索普解釋道，「他們覺得可以讓斑點鴞身上的壓力減輕一點。」

索普的目標，是富蘭克林熊蜂，是一種鮮少人知，只在奧勒岡西南方和鄰近加州區域裡能夠找到的物種。這種蜂看起來很像是加州熊蜂，但有著鮮黃色的肩膀和黃色的臉。他以前曾經在野外看過，也曾在各式各樣收集的針插標本中瞧過。就憑他肚皮裡的大量科學文章，還有那些有著《北美洲熊蜂》這類書名的專題論文與著作，熊蜂屬裡的物種沒有幾種是索普無法單憑一眼就認出來的。帶著這種蜂過去曾經在哪些地點被發現過的清單，他自位於加州大學戴維斯分校的辦公室出發，前往洛格河河谷。

「在一九八八年的時候，我在所有牠曾經出現過的地點，都找到了其蹤跡。」他回憶起。「牠不是最常見的蜂，但牠的確在那邊。」接下來那一年，情況大抵相同，但他必須花更多精力才能夠找。然後，牠們就直截了當地從地圖上消失了。在二〇〇〇年時，索普總共只找到九隻蜂，到了二〇〇三年，他看到的數量比五還少。在那個時候，他已將搜尋的範圍擴大到所有已知的蜂出沒地點，並且向同僚提出警示，後果嚴重的事正在發生。當地的生物學家持續搜尋，而聯邦政府土地管理局也派出一個調查小組，但沒有人能找到絲毫的蹤跡。在二〇〇六年，索普看到單一一隻富蘭克林熊蜂，是一隻工蜂，在亞高山帶草原裡盛開的蕎麥花裡，搜尋糧食。但自此之後，再也沒有人看到過了。

「我一直希望牠仍然在外頭某處，在我們毫不知情的情況下飛著。」索普一度如此跟我說著。我們已經穿過了這片原地，開始在另一邊往上爬，這裡的草與野花向外擴展，填補了樹與樹之間的空隙。雪已然停了，而現在有寥寥幾隻熊蜂，勇敢地在寒冷的天氣裡飛著。我們沒有看到任何無從捉摸的富蘭克林熊蜂，但是這也不盡然代表牠們不在那裡。在生物學裡，要確鑿地否定一件事通常都分外困難，尤其是要證明這種又小又難找尋的東西不存在。索普表示，對於族群規模小的昆蟲來說，持續很長一段時間不被發現，並不是那麼不常見的事。「如果我持續尋找，牠們仍然有機會出現。」他一邊說著，一邊看向山坡上離我們老遠的艾德里。「而且，如果我能夠訓練更多的人去尋找，他們就能深入我之前從沒去過的地方。」

現在還不確定索普到底是目睹了一場種族滅絕，還是只是急遽性族群減少，但有件事情是確定的：富蘭克林熊蜂找不到更好的守護者了。自從二〇〇六年最後一次目睹以來，索普固執地持續他年復一年的觀察，耐心地搜遍奧勒岡西南部的草原與路邊的花兒。有些人覺得他的努力一如唐吉訶德的狂想，但他為此已頗有名氣。CNN曾經在一段稱作「老人與蜂」的節目上特別介紹他。[3]而就在其他人早已放棄的時候，索普依然專注在他的追尋上，他在田野中花費的數百個小時使他得以深度觀察到更多事情：富蘭克林熊蜂並非唯一面臨困境的物種。

「我花了幾年的時間，才明瞭到西部熊蜂也正走上相同趨勢。」索普解釋道，用的是西部熊蜂的學名。不像富蘭克林熊蜂一直都為數稀少，西部熊蜂直到最近，都一直是落磯山脈以西，從墨西哥往北直到阿拉斯加，最多產的熊蜂之一。（牠們普遍到研究人員曾經假設，那就是我家峭崖附近的掘蜂在演化裡想要模仿的物種。）不過，就在我再也找不到法蘭克林熊蜂後不久，這些西部熊蜂也不見了，而且不單單是從索普的搜查裡消失，在大部分其之前活動的範圍裡也都不見蹤跡。同一時間，北美東部的昆蟲學家也對兩種曾經常見的熊蜂，黃帶熊蜂和鏽斑熊蜂提出了警示。情況對於索普來說越來越明朗了，儘管他在職業生涯的前半部份是作為蜂的學生，他必須將剩餘的時間投入到一個全新的角色：成為蜂的偵探。

「我的理論是，這一定是病原體搞的鬼。」索普跟我說。「在同樣棲地裡的其他種熊蜂，完全沒事。」他接著說，而這似乎可以排除是殺蟲劑或是其他東西的干擾。他接著解釋這四種正在減少的物種，是如何緊密相關，彼此之間是分類學家所習稱的「亞種」。而這也很可能讓牠們都對同一種菌株、品系之害有較高的可感染性，這可能是病毒、真菌、蟎、細菌或是寄生蟲。不過，雖然剛開始時，他毫無頭緒到底是什麼樣的病原體，他卻對可能的來源有強烈的懷疑對象：一個幫助世界上最受歡迎之一的水果，能夠一年四季都在產季的企業。

番茄在古墨西哥、中美洲，甚至有可能是祕魯被引種馴化，但沒有人知道第一株番茄栽植始自何人之手，不過，關於溫室的歷史就比較清楚了。第一座這樣的建築，歸功於一群由羅馬帝國皇帝提比略在西元一世紀早期所僱請的園丁。藉著利用雲母或是透石膏這種半透明礦石來蓋屋頂，這樣的結構容許一年四季都能生產皇帝最喜歡的甜瓜，那是一種現代網紋甜瓜的相關品種。[4]一如老普林尼所回憶的：「從來沒有任何一天會讓他吃不到。」[5]溫室依舊是專屬於有錢人的愛好，不過，工業革命提供了價格足夠低廉的玻璃（繼之以塑膠），讓溫室在經濟上變得大規模可行。早期的廠商企業利用溫室來生產各種水果、蔬菜以及鮮花，但在歐洲，有一種農作物迅速地被確認為是最豐產也最有利可圖的溫室產品：那就是番茄。培育方法變得益加複雜，尤其是在第二次世界大戰之後的那幾年，好確保即使在極北的國家，如比利時、荷蘭、英國，還是能夠全年生產。在北美，傳統番茄種植一直都裨益於像是佛羅里達州、加州這種地方，生長季節又熱又長，因此直到許久之後，溫室的概念才開始流行起來。當各種溫室的需求在一九九〇年代終於開始爬升之際，加拿大和美國的種植者旋即向歐洲同業尋求諮詢協助。而他們最早所學到的事情裡，有一個原則是想都沒想到會用於番茄生意上的：除非你想要購買大量的電動牙刷，否則你會需要一些熊蜂。

若要追根究柢熊蜂和牙刷之間的關聯，那就是牠們的振動。如果你從來沒有使用過的話，那我可以跟你說，使用電動牙刷就像是嚼著一把音叉。我使用的型號，震動發出穿腦的嗡嗚聲，音高定在高音「Do」，而我的牙醫向我保證對於清除牙菌斑，這是最好的選擇。不過，這聽起來也很像是熊蜂翅膀在非同尋常的振動授粉過程裡所發出的音調。觀察牠們造訪一株番茄（或者是其他靠振動授粉的物種，例如茄子、藍莓），你就能夠看到這過程如何發生，或者至少能夠聽到——是每一次當蜂停靠降落在一朵花上時，所產生的急快、高音頻振動。就像其他茄科成員，番茄有著植物學家所謂「孔裂花藥」的構造，讓花粉被包在一個小小的腔室裡頭，唯有從一邊的一個微小孔洞（也就是裂孔）才能夠觸及。雖然，隨著時間過去，總有一些花粉會被搖出來，容許一定程度的自花授粉，但只有在恰恰好頻率的振動，能夠導致花藥共振，而從裂孔裡釋出噴散的花粉。從植物的角度而言，這策略創造出和少數某些已經找到訣竅的傳粉者的特殊連結，像是熊蜂。蜜蜂無法執行此任務，這也就是為什麼任何想要在室內種植番茄的人，需要遵循歐洲人所做的事——建立起穩定供應的馴化熊蜂。要不如此做，要不就做好必須帶著震動的牙刷，造訪溫室裡每一朵花的心理準備。

「在一九九〇年代的幾年裡，他們把蜂后運到比利時去飼養。」索普解釋著。既然歐洲人已經知道如何照料豢養的熊蜂，好為溫室貿易之用，那讓美國栽種者利用彼之經驗為己之便，自是順理成章。單隻的蜂后，在管控的環境裡被好好餵養著，不用多久，就能夠在現成的紙板窩巢裡，生產出繁盛興旺的群落，而且能夠寄送到任何地方。不過，當那些第一批在比利時被飼養大的蜂又再次回到家鄉時，索普認為牠們也一併把某種歐洲病原體帶來了。「在時間軸上，一切都十分符合。」他說道——在一九九七年時，一場爆發的

圖 9.1　隨著十九世紀工業革命降低了玻璃成本，溫室的使用得以大幅擴張，從而促使溫室番茄轉變為一種利潤豐厚的作物。圖片重製自 Dover Publications 以及波士頓公共圖書館。

疾病消滅了一大群溫室的熊蜂，剛好就在野生物種開始消失之前。種植者將熊蜂之死，怪責到一種特別也罕見的小生物：微孢子蟲類。

「我們一直嘗試去好好檢驗孢子蟲屬的這則理論。」索普跟我這樣說。然後，他笑了幾聲，補充說道：「這也告訴你，我們所知有多有限，我們甚至無法決定牠們該屬於分類學上的哪一界！」雖然一度被認為是原生動物，如今熊蜂微孢子蟲則被歸類於一種真菌，或者至少是某種非常相似的物種。它是一種單細胞生物，形狀像小小的皇帝豆，能侵犯蜂的胃壁。受感染的細胞最終會爆裂，釋放出大量的生殖孢子，能夠透過相當於「蜂版腹瀉」而快速地散播。其他蜂不小心在受到污染的花朵上接觸到孢子，或者是接觸到窩巢裡頭的排泄物。（以蜜蜂為例，負責清掃整理蜂巢的年輕工蜂，通常有著最高的感染率。）許多熊蜂物種似乎對這種病原體有耐受性，至少是在少量的情況下，而且研究博物館內的標本顯示，這種病原體已在北美廣泛散布了數百年之久。但不知道為什麼，在跟富蘭克林熊蜂非常相關的那個亞屬裡，感染速度和嚴重程度似乎都飆升。而這些物種裡，有許多數量都急劇下降。依然沒有人能夠斬釘截鐵地說到底是怎麼回事，但位在洛根的猶他州立大學裡的蜂研究中心，其研究或許能夠解釋為什麼族群數量下降得如此之快：孢子蟲不光是造成蜂生病，還阻礙了蜂的性生活。

「蜂后和工蜂似乎不太為此困擾。」蜂研究中心的昆蟲學家研究員史俊說著。「不過，雄蜂滿肚子都是孢子，太脹了讓牠們無法飛行。牠們就只好用跳著跳過地面。」十年以來，史俊和他的同事研究捕捉來的西部熊蜂族群，好能夠近距離地觀察雄蜂的困境。無法飛行，只是一切麻煩的開端。當感染惡化時，雄蜂的腹部會巨大地膨脹，導致牠們不再能夠向下彎曲身體去接觸準備交配的蜂后身上的適當位置。「牠們無法交配，」史俊說出結論。「然後，當這情況發生時，基本上就無力可回天了。只待幾個世代，這一切就會分崩離析。」

史俊理論的解釋頗析極有說服力，而且他的理論也十分符合整體證據。如果微孢子屬只是讓蜂變得孱弱，隨著時間流逝，或許能夠耗盡蜂族的數量。但阻斷生殖作用卻能夠徹底摧毀整個族群，就像是索普在野外所觀察到的那樣。前一天還在這裡，轉眼間就消失殆盡了。當然，膨脹腫大的雄蜂只不過是族群數量銳減的機制，而且史俊尚未有把他的觀察整理成稿、準備發表的打算。所有更重大的問題，依然無解。

「為什麼有些物種比其他種要病得更嚴重呢？」他若有所思地說著，指出大部分的熊蜂似乎都不受微孢子蟲屬所擾，甚至是受到影響的亞屬裡的物種，也都對微孢子蟲屬有不同的反應。法蘭克林熊蜂就此消失了，而牠赭色斑點的親戚如今已非常稀有，而在最近被列入美國瀕危物種清單裡。不過，某些西部熊蜂與黃色條紋的熊蜂似乎已穩定下來，然後這群裡面的第五種，白尾熊蜂，似乎從一開始就未受到太大傷害。[6]會是因為某些族群天生就比較有抵抗力嗎？再者，如果就像博物館標本所暗示的，微孢子蟲屬一直都很常見，那為什麼突然間變得如此致命呢？索普仍然懷疑這是肇因於一個致病性外來種，但基因分析卻沒有發現溫室蜂身上的微孢子蟲屬品種有什麼不一樣。而同一種病原體也似乎對不同地區的不同蜂，有著程度上差異極大的影響。

「這實在相當複雜。」史俊說。「可能還需要一段時間才能找出答案。」然後，他將這一情況與人類病理學進行對比，其中數十個，甚至數百個資源雄厚的研究團隊，往往需要投入多年甚至數十年的時間，才能揭開一種疾病的運作機制。「我們無法投入那麼多的資源，」他略帶遺憾地提出他的觀察。然而，這並不意味著蜂研究中心不是一個忙碌的地方。這個被正式稱為「授粉昆蟲生物學、管理和系統研究單位」的研究室有半打全職的蜂科學家，以及三倍以上的支援人員，還有大量的研究生和博士後研究員。我打電話給史俊，我們討論了很久，但我們之所以能夠不受打擾，全因他提前安排了時間，並將辦公室門關上，讓人們誤以為他出去吃午餐了。

除了微孢子蟲屬的研究計畫，史俊的團隊還分析從橫跨了十六個州、四十個地點所搜集而來的四千個熊蜂標本，檢驗其中的多種病原體。真菌疾病廣泛存在，但他們也發現病毒、蟎、細菌，還有一種侵犯、摧毀蜂后生殖系統的線蟲。另外，原生動物與寄生蠅，以及一種甲蟲的幼蟲，把自己黏附在熊蜂的腳上，好搭著順風車從這朵花到下一朵花。「當我們完成這些分析後，我們就能建立一個非常詳盡的數據庫，涵蓋熊蜂所遭遇的各種病原體。」呂俊說道。最終，他們希望能夠把個別病原體，和特別物種的特別病狀給聯繫起來——是理解諸如微孢子蟲屬的生物，是如何突然間變得如此致命的關鍵起步。他們的結果會成為疾病資料庫，協助研究人員知曉下一次又有熊蜂族群開始衰落漸微時，該從哪裡開始著手探討。這項工作十分重要，著眼於現今對於蜂與其棲地的威脅，大部分的專家都認為下一次衰退只是時間早晚的問題。畢竟，就連最為著名、最被妥善照料、在世界上最為廣泛存在的蜂，近些年來也都是困處泥塗。一直以來，馴養的蜜蜂年年都會有一些損失，也就是養蜂人習慣上稱作的「蜂群衰竭病害」。不過，當蜂巢在二〇〇六年秋天開始集體一起快速消失時，很顯然這問題需要一個新的名字。

「我們都有點被眼前的現象驚嚇到。」柯芙斯特跟我說，一邊回憶起危機發生的頭幾個月。她現在跟著史俊在蜂研究中心工作，但當滅絕發生的時候，她是賓州州立大學的昆蟲學教授。「這不是普通的蜂群損失。」她回憶著。這不同於平緩的消耗，而是整個蜂群的工蜂在似乎健康的狀態下出門覓食，卻再也沒有返回，使得蜂巢充滿了蜂蜜與幼蟲、一些迷路的工蜂，以及由於缺乏照料而瀕死的

圖 9.2　蜂群崩潰症候群的發展極其迅速，可以在數天之內就讓這種表面上看起來健康的蜜蜂蜂巢變得空無一蜂。數千名工蜂在毫無預警的情況下選擇不再返回，留下了無序的蜂巢和一隻無人照料、瀕死的蜂后。圖片由 Bookscorpions 提供至維基共享。

蜂后。在心煩意亂到要抓狂的養蜂人號召下，柯芙斯特的整個昆蟲病理學實驗室，都專注於分析數十個已空空無蜂的蜂巢。沒過多久，她也開始跟從紐約到佛羅里達的研究人員合作，同時，在西岸也有大量損失的報導出現。在美國養蜂人協會的年度會議上，某天傍晚柯芙斯特和她遙遠的同僚在飯店酒吧裡碰頭，討論比較彼此的研究結果。有人建議「崩壞」一詞要比「衰竭」更能夠精準闡述所發生的情況，而且他們也都全體同意，把這個叫作「病害」也並不正確，甚至有可能會造成誤導。「病害」這詞暗示蜂巢淪為某一種特別情況，或是特別病原體的犧牲品，但事實上沒有人清楚地知道，是什麼原因造成這突然間的銳減。討論持續著，當他們離開酒吧時，他們同意了一個新的說法，而這詞彙旋即讓蜂的困境得到全球關注：蜂群崩壞症候群。

「我們想要一個能夠精準描述情況的名詞，並且開創出之後的道路。」柯芙斯特解釋道，並且，可以說他們在這兩方面都獲得了成功。媒體報導養蜂人損失了百分之三十五、百分之五十，甚至是百分之九十的蜂群，這些媒體報導讓大眾對於蜂群的困境有了深刻的認識，也讓蜂群崩壞症候群贏得了一個更能引人注意而記住的別名：「蜂之末日」。而這所有的關注，有助於觸發了只能說是有史以來最龐大的蜂研究熱潮。來自學術單位、政府機關，以及企業團體的專家迅速啟動了研究蜂群崩壞症候群的計畫，探索各種可能的影響，從病原體（柯芙斯特的專長）到氣候變遷，到行動通訊基地台所放出的訊號。經過長達十幾年的研究，還有上百篇經過同儕審查的研究論文，這現象依然只能盡力地被描述為一個「症候群」——沒有顯而易見的有力證據，能夠指出背後的肇因。雖然其中有些比較詭異的論點已被摒除（行動通訊基地台還有太陽黑子），許多其他的理論依然仍在調查研究中。這挑戰在於要分析所有對蜂巢可能的影響，但蜂巢裡的成員有能力可以飛遍一百、兩百甚至五百平方公里之廣的地區。[7]毫無定論（而且有時候十足互相矛盾）的研究結果引發激烈的爭論，但有愈來愈深的共識認為，蜂群崩壞症候群是許多問題結合起來而造成的。[8]有些人甚至據此而建議，應該要給這病徵另一個新的名字：多重壓力症候群。

當我詢問柯芙斯特對於多重壓力症候群有沒有什麼想法時，她的回答相當謹慎：「這的確看起來像是各種因子交互作用下造成的結果。」她同意道，但也補充說明表示因為各種問題而耗弱的蜂，最終大概也都因此而逃不過某種疾病。她引述某一篇溫室研究，報告顯示被高度病毒載量感染的工蜂，總是千篇一律地離開人工窩巢，而死在圍欄圈地的僻遠一角。如果把這習性類比到野外，這就會看起來極度類似於蜂群崩壞，卻不過只是生病體衰的蜂，離巢出走而消失在周圍的鄉間裡。從這個角度來剖析此現象，也強調了研究蜂群崩壞症候群的主要挑戰之一——這只留下少之又少的證據，就像是一起沒有屍身的謀殺案調查。不過，柯芙斯特也接著指出一件讓我驚訝不已的事，在過去幾年裡，記錄在案的真正蜂群崩壞症候群案例，其實已經變得十分罕見。

「最近少於百分之五的衰亡案例，具有真正能夠被稱作蜂群崩壞症候群的明確症狀。」她跟我說。不過，北美各地的養蜂人依舊每年持續性地損失超過百分之三十的蜂群，而且，在歐洲的數據比例，也同樣是不正常的高。我也跟其他研究人員討論，他們全都同意蜜蜂苦於某個比單一蜂群崩壞症候群還要更廣泛之難。儘管聲名顯赫，這「蜂之末日」顯然只是麻煩困境的一部分，而且留下大量尚未釐清的問題。是什麼讓它在二〇〇六年達到高峰，又為什麼如今逐漸式微？是什麼特別的壓力來源導致它發生呢，而且為什麼有些蜂群要比其他蜂種更為易感而受影響呢？又為什麼這現象讓北美洲與歐洲廣受打擊，但在南美洲、亞洲與非洲卻相對影響較小呢？這些問題，以及其他蜂群崩壞症候群的謎團，或許永遠都無法被徹底了解，但凡在絕處也必逢生。它所刺激的大量研究已經讓科學家對蜂整體的健康狀況，還有蜂群在現今人類主導的天地裡所面臨的威脅，要比以往任何時候都有更深入的了解。

「我們討論的是四個Ｐ」，柯芙斯特跟我說，「寄生蟲（parasite）、營養不良（poor nutrition）、殺蟲劑（pesticide）與病原體（pathogen）。」我透過電話與她聯繫，而她解釋給我聽的時候，帶著一種習於談論研究結果，卻也謹慎小心、擔心被誤解的慎重語調。不過，因為蜜蜂衰退是如此複雜又極具爭議的課題，不難理解這背後的原因。不過，她呈現給我看的例子則十分清晰，以一個討厭奸詐的小生物開始，那看起來像是一個紅辣椒片，如果紅辣椒片也裝配了八隻能緊緊抓握的腳，加上一個有著尖銳、兩叉分岔吸管的口器。

「瓦蟎屬生物依然是個大問題。」柯芙斯特說，指的是一種叫作蜜蜂蟹蟎（*Varroa destructor*）的寄生蟎。牠幾乎完全寄生於蜜蜂，所屬的某一小群蟎，是得名自羅馬政治家也身兼學者的瓦羅。瓦羅除了是凱撒大帝的圖書館員，還起草了一個被稱作《蜂窩猜想》的論點。自身為養蜂人，瓦羅驚嘆於那完美、等邊正六邊形的自家蜂巢。他提出一個假設，牠

圖 9.3　這張電子掃描顯微鏡的照片顯示了一隻雌性瓦蟎停駐在一隻雌性蜜蜂肩膀的畫面。圖片出自美國農業部、農業研究處的電子與共焦顯微鏡實驗室。

們之所以把蜂巢建構如此，一切都是為了效率——沒有其他環環相扣的形狀，能夠用如此少的蜂蠟，就能容納如此甚多的蜂蜜。當一九九九年，一個數學家終於證明其論為真時，他給了瓦羅極大的榮譽——或許，比蟎蟲分類學家想到在瓦蟎科底下再設瓦蟎屬，要讓瓦羅更感榮耀。不過，這個古老羅馬人已經和他如此鍾情欣賞的蜂的致命威脅永遠連繫在一起了。

蜜蜂蟹蟎靠吸取蜜蜂體液過活。牠們會攻擊成蜂使其疲弱，但在幼蟲的蜂房內造成更大的破壞，以幼蟲為食。毒辣的是，牠們就在密封的蜂房內繁殖，而其毫無防禦能力的獵物就在身側。在瓦羅的時代，牠們只存在於東南亞的森林與小林地，而在那裡，牠們是多種原生蜜蜂品種的輕微害蟲。（在蜜蜂屬裡目前已確認的十一種物種裡，只有已馴化的蜜蜂是非洲與歐洲的原生種，其他都是原生於亞洲。）不過，當馴化的蜜蜂出現在該地區時，牠們也適應得很快，然後藉著蜂群、蜂后與器材的移動，快速地散布在全球各處。如今，除了澳洲，牠們是主要的麻煩。如果置之不理，蟎感染足以削弱幼蟲的孵化繁殖而摧毀整個蜂群，更有甚者，牠們還是幾種致命性病毒媒介，使得傳染發生時更加弱化蜜蜂。學者專家已經把蟎的出現，和部分歐洲與北美洲裡野生蜜蜂群落的衰退連結起來，而如果柯芙斯特所論是正確的話，牠們削弱了蜂的整體健康狀態，大概很像其模型裡的第二個P：營養不良。

柯芙斯特跟我說，「說到底，就是沒有足夠的花卉資源。」一邊解釋著她如何把營養不良的概念，也列入四個P的列表上。「人們看著公園與高爾夫球場，想說好一片綠意盎然、蒼翠繁茂，但對於蜂來說，這不啻是一片荒漠，或是石化的森林——完全沒有足以維生之糧。」除了公園裡稀少的花朵，和地區開發而消失的大自然，農業活動也同時侵蝕著棲地，傳統農業的樹籬、混合型農作與放牧地，漸漸地被單一作物栽培取而代之。而如今，因為從農地、後院到路邊，到處各地都在使用除草劑，就連薊、金雀花這種花蜜與花粉豐富的野草，在許多地方也都愈來愈難看到。

柯芙斯特的評論讓我想到先前從布魯爾博士那兒所聽到的事。身為約聘研究員，布魯爾博士所開的公司維護了上百個蜂巢，並且為農業化學公司執行大規模的野外試驗。為了測試新產品的影響，通常需要把蜂群隔離在遼闊的芥花田中間，又或是其他需要蜂傳粉的作物。但就算是在花季高峰期，布魯爾的團隊總是可以發現至少有一些蜂，帶著其他種類的花粉返回窩巢。「牠們會飛很遠很遠，只為了去找到牠們所想要找到的。」他說道，指出蜂似乎總是渴望著什麼，而那是單一種花朵無法讓其滿足的，就算那種花開得再茂盛也於事無補。「即便牠們看似被美食所包圍，牠們還是會出去尋找其他來源，來提供蛋白質與微量營養素。」而這個關乎營養素的麻煩，對商業性蜂巢特別具有挑戰性，因為牠們在季節輪替裡，被卡車從一種單一作物栽培再到下一種。「就想想如果那是你的膳食，」布魯爾說道——好幾個禮拜的杏仁，然後是幾週的蘋果，接下來的幾個禮拜除了藍莓、別無其他，而且每一個階段中間都得被禁錮在蜂巢裡，被長長的公路旅行干擾。養蜂人提供營養補充劑，但沒有什麼東西是可以取代蜜蜂經由演化而養成的飲食習慣——從多樣性的野花、灌木與樹木而得到的各式各樣花朵報償。在四季輪轉裡，來自營養不良的壓力程度可以差異很大，有些蜂群也比其他種蜂要更為疾苦。包括柯芙斯特在內的學者專家，認為這損害了蜂群整體的健康與精力，讓蜂在身處的環境裡，更容易因為其他威脅而受到傷害，而這也包括了第三個、也是最具爭議的P。

在所有關於蜂衰退的問題中，沒有另一個因素可以比殺蟲劑的影響引爆更多的爭論。然而，在深入探討這個議題之前，我們值得先去關注一個位於其根源的基本問題：為何蜂在一開始就對化學製品極其敏感？牠們為何從未像那些被鎖定的昆蟲一樣，產生對殺蟲劑的抗藥性呢？這個謎題的答案，可說是起因於蜂與花之間的特殊關係，而得到的有趣結果。對於蝗蟲、天蛾、甲蟲、蚜蟲、盲蝽等，以及所有其他攻擊葉子、莖幹、種子和樹根的害蟲，牠們的生存全然依賴於能夠克服解毒複雜的化合物。這些昆蟲已經為此奮鬥了數百萬年，竭力克服食物來源——植物所持續演化的化學防禦。這是一場「軍備競賽」，殺蟲劑製造商對此早已心知肚明，他們經常研究植物來尋找靈感，並對植物萃取物進行各種調整以創造新的產品。然而，蜂卻與眾不同。身為傳粉者的角色使得植物有必要吸引牠們，

圖 9.4　以化學手段對抗農作物害蟲——通常使用植物性的毒素——與農業本身同樣悠久。這一現象在美國農業部於第二次世界大戰期間發布的海報上有著鮮明的描繪。圖片來源為維基共享資源。

而非驅趕牠們，這推動了甜美的花蜜和蛋白質豐富的花粉的演化，而這些往往幾乎不含有任何防禦性的化學物質。[9]儘管這樣確實讓蜂得到充分的食物，卻也意味著對於排解飲食中的有害化合物，蜂幾乎沒有任何演化的經驗。牠們缺乏害蟲用以處理植物化學物質並找到解決方法的天生代謝途徑。對於食草的昆蟲來說，殺蟲劑僅僅是一種牠們已經習以為常，且通常只是為時短暫的化學物挑戰。然而，對於蜂來說，不論它們以何種形式存在，殺蟲劑就只是一種毒藥。

「我們無法把蜂的衰退，連結到某一種化學物質，甚至是某一類別的化學物質。」柯芙斯特馬上接著說，好像能夠看穿我話到嘴邊的一連串問題一樣。我想要知道她對於「新菸鹼類」這種殺蟲劑的看法，而這一類殺蟲劑也包括了一些市面上最常用於農業與家居花園的產品。以「新菸鹼」為眾人所周知，能夠以多種相貌形式被應用，但是都仍具有「系統性」的特質——它能夠分布、吸收到成長中植物的每一處組織。這也意即植物的葉子、葉芽和樹根都會對大快朵頤的害蟲變得致命，進而減少了對於無差別噴灑的需求。但是，這也意味著新菸鹼會出現在植物的花蜜與花粉中，直接進入登花拜訪的蜂的飲食裡。沒有人會懷疑新菸鹼在高濃度的時候是具有毒性的——畢竟它們是設計來殺死昆蟲的——並且，已有例子顯示，應用拙劣的時候，毫無疑問會導致當地蜜蜂與相關原生蜂的衰滅。實驗室研究也把新菸鹼，與許多種研究人員所稱的「亞致死影響」連結起來，從受損的覓食與歸巢能力，到壽命縮減與生育力低弱。但對於新型菸鹼類對野外蜂全體影響的共識在此結束，因為結果並沒有顯示出一致性。儘管農作物被施以殺蟲劑，在其中成長的蜂群似乎也不見有什麼大礙，擁護者也辯稱絕大多數的馴養蜜蜂，在正常情況下只會接觸到微量的殺蟲劑。而對於野生熊蜂與獨居蜂，的確有比較充分與強硬的證據，支持新菸鹼會對其有所傷害，而且甚至和非目標物種的衰退也有所牽連，像是吃昆蟲的鳥兒。由於爭議不斷，歐洲經濟組織在二〇一三年的時候，開始禁用許多種新菸鹼用於開花作物，並且據報導指稱，也正在考慮將禁用範圍擴大。

一如大多數我所交談過的科學家，柯芙斯特對於徹底禁用新菸鹼一事並不甚贊同。「如今我們更該推動的，是對於害蟲與授粉生物的整合性管理。」她說著：「並不是一定要泯除殺蟲劑之用，而是應該要反問，『在哪些方面是我絕對必須要用的呢？而我該怎麼做才能夠讓蜂群健康無憂呢？』」（當她這麼說的時候，我立刻想到在圖切特那裡種植苜蓿的農人。他們總是不斷地調整管理害蟲的策略——尋找對蜂比較友善無害的產品，試驗著不同的劑量，並且只在天黑後，鹼蜂都安全地回窩上床了，才進行施灑。「我們心裡，時時刻刻都想著蜂。」瓦格納這麼跟我說。）無論如何，被歐洲新菸鹼禁令所影響的農地，將會是重要的試驗案例，這不僅能讓研究學者評估蜂群將會如何反應，還能夠對換用的替代品，不論是什麼樣的化學物質，加以衡量影響為何。而與此同時，柯芙斯特和其他科學家也發現新菸鹼只是無比複雜的殺蟲劑全貌裡的冰山一角。

「我們感到不敢置信。」柯芙斯特回憶起第一批針對花粉、蜂蜜、蜂蠟與蜂之軀體裡化學物質殘留所做的大規模分析時，如此說道。來自北美洲的數十個蜂群檢體驗出了一百一十八種不同的殺蟲劑——不只是像新菸鹼這種現代使用的種類，還有些是在環境裡已殘留延滯了數年，甚至是數十年的。「基本上，是任何曾經使用過的。」她跟我說著，這也是我們交談以來，她首次夾帶著壓不住的怒意。「花粉裡甚至還有DDT！」那些污染物包括了殺黴劑、除草劑、殺蟎劑，與各式各樣的殺蟲劑。不過，這些化學物質不單是包羅萬象，它們幾乎是無所不在。在七百五十個分析檢體裡，只有一塊蜂蠟、三小片花粉與十隻成蜂是未被污染的。其他的檢體平均而論，每一個都含有六到八種殺蟲劑。而這，也正使得事情開始有趣起來了。

「它們有加成作用。」柯芙斯特跟我說。「這通常會讓它們對蜂更有殺傷力。」她解釋當化學物質混合在一起時，就會聯合起來作用，其中一個會增進另一個的效果。[9]例如，殺黴劑單獨存在的時候，並不總是會傷害蜂，但是卻能夠讓某些殺蟲劑的效力提高一千一百倍。不過，管理機關在測試和評估產品的時候，通常一次只試驗一種。所以當某個東西被標記為單一使用下「對蜂安全無害」的時候，當有其他殺蟲劑存在下，仍可能有預期之外的後果。而蜂接觸到這麼多種的化學物質，還有這麼多種的潛在組合可能性——其中，絕大多數都沒有被研究過——這也難怪野外試驗總是產出令人費解的結果。甚至是混合物裡所稱「非活性的」成分，都可能會有所影響。當我們交談之際，柯芙斯特和她的同事剛確認，一種用於增進液狀新菸鹼應用的常見界面活性劑，具有意想不到的副作用：當蜂感染病毒時，致死率會翻倍。所以，農業化學物質不單是會彼此交互作用，甚至可以和病原體有著複激作用——也就是四P裡的最後一個，並且在某些狀況下，是最具有威脅性的。

「說到底，蜜蜂可說是昆蟲疾病的代言人，」柯芙斯特說著。「凡是你可以在人類裡看到的——從病毒到細菌，再到原生生物——也都可以在蜂群裡見到。」她話不迭停地說了一串名稱極白話的病原體，像是畸翅病毒、急性麻痺病毒還有白堊病。也有一種蜜蜂型式的孢子蟲屬，以及一種聽起來恐怖至極、叫作蜜蜂巢腐症的細菌感染，基本上會把滿是蜂幼蟲的蜂巢，變成烏黑發臭的噁心黏糊。再次提到孢子蟲屬，讓我想起熊蜂的處境，但對蜜蜂而言，如今就更不需要什麼猜測了。蜂群崩壞症候群所激發的海量研究，很像是史俊夢想中的大量流行病學研究——僅就病毒而論，超過二十種新型蜜蜂病毒種被分離出來、妥實命名。不過，像柯芙斯特這種長年觀察者，還是無法明白為什麼情況似乎每況愈下。「直到二〇〇〇年，你依然可以找到毫無病毒感染跡象的蜂巢。」她回憶。「但現在，所有的蜂巢都可以驗出病毒了。」也有證據顯示，蜜蜂病原體可以跳躍傳播到熊蜂，或是其他原生物種上，而這也是讓人特別苦惱的發展，畢竟現在這麼多的蜂巢與蜂后，被卡車載送到世界各地。就像瓦蟎從東南亞開始向外蔓延，許多蜜蜂疾病也是從地方性問題衍生而來，而這種趨勢更是清楚直接地在區域名稱裡被揭露無遺，像是喀什米爾蜂病毒、西奈湖病毒。不過，大部分的學者專家也堅信，藉由研究蜜蜂所積累的知識，最終也能夠幫助到所有的蜂種，而如此這般的希冀，也促使柯芙斯特決定離開大學教職，轉而去到位於猶他州的蜂研究中心，加入史俊與其他原生蜂研究人員。

「原生蜂本身就是一個挑戰。」柯芙斯特承認，說明在改而研究包括熊蜂、泥壺蜂與鹼蜂之類物種後，工作性質有什麼樣的轉變。她指出，要把這些物種養在實驗室裡，更是困難重重。還有，牠們的生命週期既短又有季節性，讓全年研究蜜蜂的那種實驗變得難以執行。「不過，我們有足夠的初步數據，說明四個P理論也適用於蜜蜂身上。」如果情況許可的話，有些學者或許會在這個模型上再加上幾個字母——「N」代表因開發和工業化農業而易失的巢穴棲地（nesting）；「I」代表包括蜂和植物在內的入侵物種（invading species）；「CC」則代表一個可能使所有事情變得更複雜的總體問題——氣候變化（climate change）。蜂專家才正開始探索氣候變遷的影響，但過早綻放的春花，構成了顯而易見的風險，對那些從冬眠裡太晚醒來、太晚出巢的蜂，就會與青睞的花蜜與花粉來源失之交臂。目前還沒有人知道蜂要花多久的時間才能夠適應過來，但根據一項同時針對北美洲與歐洲熊蜂的研究，在變炎熱的南部與低處棲地，蜂群逐漸退離，但卻沒有能夠利用北邊在變暖之後，變得較為溫和的生存條件。極端的氣候案例也更常出現：像瓦格納在他苜蓿田向我解釋的一樣，只需要一場時機錯誤的狂暴雷陣雨，就能夠讓整個鹼蜂群落付之流水。而對於其他物種，也同樣容易受迫於接下來幾十年裡，足以預期的頻繁乾旱、水患、熱浪、森林大火與不合季節的驟冷。

整體而論，這四個P（加上一個N、一個I與兩個C）描繪出一幅對蜂而言極具挑戰的二十一世紀全景。有些物種，像是富蘭克林蜂，或然已經絕種；而且有更多的蜂可能已經從分布區域裡的某些地方，漸漸消失。如果說所有的蜂都在衰退，或許過於極端，然而現在我們已有了若真如此，可能會引發何種後果的警示。自一九九〇年代開始，中國茂縣山谷裡享負盛名的蘋果果園中，甫才注意到蜂群數量下降，很快地就轉變為全軍覆沒。沒有人知道確切情況為何，但大多數觀察家將矛頭指向殺蟲劑的過度濫用加上營養不良，以及伴隨著棲地流失而造成的築巢窩地缺乏。野生蜂種就這樣消失了，而馴養的蜂群一次又一次地失敗，到最後，養蜂人直截了當地拒絕把更多的蜂巢送進山谷裡。為了反轉這場危機，當地果農開始雇用數千名季節性工人，以人力為果樹進行授粉。然而，蘋果樹的花朵並非如椰棗樹那般，能以一個棉球便能為數百朵花朵進行授粉，蘋果樹需要為每朵花進行單獨的授粉。即使是最敏捷的工人，手持裝有雞毛或是菸濾嘴的長桿，一日下來也只能處理五到十棵樹。結果不出所料，這種方式在經濟上顯然是不可持續的——人工勞力簡直無法取代蜂所提供的無償勞動。於是，農人開始大規模砍伐蘋果樹，並將其替換為其他作物。今日，那曾經一度繁榮的蘋果產業，僅餘山谷邊緣的零星果園，因為只有在那裡，鄰近森林中倖存的蜂才能幫忙果樹的授粉。

有趣的是，那些曾經專注於種植蘋果的茂縣山谷果園，如今已經選擇採取了更具傳統特色的混合種植方式，不僅種植著枇杷、李子和核桃，還插種了各種蔬菜。這樣的改變雖然主要源於經濟考量，但也可能帶來額外的效益，那就是幫助山谷的蜂群恢復，因為現今的景觀提供了更為多

圖 9.5　在中國的茂縣，棲息地的消失與殺蟲劑的使用共同導致了蜂群的崩潰。面對此種情況，果園主人選擇聘用人力授粉團隊，以長桿上的羽毛或如照片中的香煙濾嘴，對每一朵花進行細心的花粉塗抹。照片版權屬於 Uma Partap。

元化的花粉和花蜜，並且在實踐上，更能減少對殺蟲劑的依賴。因此，儘管茂縣的案例經常被視作蜂群衰退的警訊，但最終，它可能會成為蜂群恢復力量的象徵，提醒我們解決這個問題的方法，其實就在我們的手中。為了撰寫這個章節，我與許多專家進行了聯繫，最實用的建議來自於專精於熊蜂的古爾森（Dave Goulson）教授，他在索塞克斯大學（University of Sussex）擔任生命科學系的教授。他同意存在多種壓力因素會以複雜的方式影響蜂群，但他強調我們不需要等到完全理解問題才能採取行動。他在電子郵件中寫道：「即使進一步的研究正在進行，這也不應成為我們採取行動的藉口。」他指出，常識就告訴我們，只要能夠減輕這些壓力源中的任何一個，就能幫助改變現狀。總的來說，我們已經知道足夠多，以致能夠採取行動。我們也知道該如何具體地做出改變：提供更多的花朵和築巢棲地，減少殺蟲劑的使用，並且停止長距離運輸家養蜂（和隨著牠們一起運送的病原體）。隨著愈來愈多的科學家、農人、花匠、天然資源保護人士，以及一般公民開始關注、了解這議題，就算只是把這些簡單直白的想法裡頭的幾個付諸實行，亦能將問題改善。

第十章　陽光下的一天

在這花團錦簇的荒野上，蜂群徘徊且狂歡，在陽光的慷慨裡欣喜若狂，在樹莓間躍躍欲試地攀升，搖響石楠的無數鈴鐺，此刻在滿是花粉的柳樹與冷杉枝頭哼鳴，旋即而下到吉利草與毛莨間的灰土地，頃刻間又深入櫻桃與鼠李的雪白田梗。牠們忖度著百合，然後成群結隊地湧進，然後，也就像聖經裡的百合一樣，牠們不勞苦，畢竟，牠們由太陽的力量所推動，一如流水驅動水車那樣；一個有著源源不斷的高壓水，一個有著炎炎不滅的陽光，兩者也都哼哼唱唱。[1]

——謬爾《加州的蜜蜂採蜜場》一八九四年

我沒有預期會看到吸塵器。當我飛去加州，準備參觀杏仁農場時，我知道我會看到規模宏大的堅果生產。靠著超過九十四萬英畝（三十八萬公頃）全部用以專門種植杏仁樹，加州中央谷的產量，高達全世界年度收成的百分之八十一這麼多。每一季夏天，液壓式搖動採收機在果園裡穿梭，用鋪了護墊的機械臂抓住一株又一株的樹幹，然後把熟透的堅果，連同灰塵與樹葉，還有那乾燥的果殼，陣雨似地搖落地面。如果，收成杏仁不過爾爾，那果園裡想必會充滿了原生蜂。這些蜂可以早自二月便就著杏仁花大飽口福，接著在時序從春天進入夏季時，享受各式各樣的野花與下層植被的覆蓋作物。不過，當我們從沙加緬度驅車往北，開始在高速公路旁邊看到果園時，我立即心裡有譜，知道為什麼蜂的保育在杏仁工業裡是個問題。在樹下，沒有任何東西生長著——沒有花、沒有雜草，甚至不見一片青草地的葉子。重度刈草與除草劑不僅僅是減少了植被，而是將其完全剷除乾淨，徒留下一片如同月球表面的粉裸褐土。

「這都是為了收成——他們必須要把堅果都真空吸走。」[2]當天的嚮導這麼跟我說，他名叫李曼德，是位傳粉生物專家。他解釋在搖樹採收機之後，是機械化的掃倉機，把四散的堅果成堆地排列整齊，好讓另一組隨侍其後的機器可以用真空吸起。雖然效率極高，但這過程需要地面盡可能地乾淨，而工業手冊上把杏仁樹下的區域稱作「地板」，似乎也就沒什麼好奇怪的了。倘若讓植物亂長一氣，只會讓堅果益發難以採收——就像是嘗試把麵包屑從粗毛地毯上撿起來一樣。更有甚者，植被提供了嗜吃堅果的鼠輩藏匿之處，還會吸納積水，進而增加了杏仁感染沙門桿菌屬或其他污染物的風險。維持「地板」之整齊清潔讓栽種者能夠確保收成無菌並且有效率，但這也意味著加州廣大的杏仁樹林裡，幾乎不具備蜂棲地的條件。而這對此一絕對需要蜂來傳粉的農作，自是搬石頭砸自己的腳。

「我們現在負責超過四千公頃的杏仁。」李曼德跟我說，點出想積極地為蜂做些什麼的栽種者數目激增。身為致

圖 10.1　典型杏仁果園的整潔地面可能在收穫時很方便，但大量減少了蜂類的棲息地。Image courtesy of USDA Natural Resources Conservation Service via Wikimedia Commons.

力於傳粉生物保育工作的薛西斯協會的共同主任，他有著獨特的利基去幫助這些農人。自一九七一年成立以來，並以一種已絕種的加州蝴蝶為名，薛西斯協會是北美洲唯一主要的，將精力全投注於保育昆蟲與其他無脊椎動物的非營利組織。[3]李曼德在二〇〇八年加入，正巧是全球開始關注蜂群崩壞症候群所導致的蜜蜂困境之際。此團體自此便不斷茁壯，大部分也是因為公眾日益關注、擔憂傳粉生物。「我記得我是第五個或是第六個被雇進協會的。」他說道，「如今，我們已經超過五十個人了。」而同樣的趨勢，也幫助另外兩個類似的組織在英國扎根、壯大起來：一個是蟲蟲生活，成立於二〇〇二年；另一個則是熊蜂保育信託，成立於二〇〇六年。整體而論，這些組織協助把日漸高漲、與蜂相關的意識，轉化為具體的行動——例如，把夏威夷的面具蜂列入美國瀕危物種名單中，改善殺蟲劑政策，並且在蘇格蘭利文湖建立世界上第一個熊蜂保護區。多年來，我追蹤著這些進度發展，帶著一種大抵不過是每年簽支票捐獻的旁觀者式熱情。不過，現在我發現，我想要更深入地了解。到底，「促進棲地保育與回復」對於蜂來說，究竟意味著什麼呢？而且，更重要的是，這有實質成效嗎？當李曼德邀請我跟著他到田野間工作一天時，我想也不想就答應了。

「我們今天會看到開頭與收尾。」開著車，他一邊說著，沿途經過愈來愈多的杏仁，還有開心果、橄欖與偶爾的向日葵田、番茄或是稻米。我們的第一站是個剛開始加入蜂群保育的果園，但我們有些遲到了，然後李曼德準備帶我去看一個籌建完善、幾英里長的排栽灌木，是他最早為薛西斯協會開始的幾個計畫之一。靠近奧蘭的一座小鎮時，我們下了高速公路，並且在一條又一條看起來一模一樣，連全球定位系統的導航都為之昏頭裡，成功穿過果園。「那是一株土生土長的植物！」李曼德突然說道，並踩下煞車。眼見溝渠旁邊滿是盛開的黏苞草，讓他知道我們已經到達目的地了。

李曼德的另外兩個同事早已到達，而我們在一處滿是塵土的堤岸邊和他們碰頭。那道堤岸把果園裡有序的格狀樹林和道路隔開。他們兩人正熱切地和一高碩、肩頭壯闊的人交談，若在其他場景裡，那個人很容易被誤認為一個專業運動員。他是鮑爾，是第四代的農民，而其家族坐擁這片果園，還有許多其他處，掌控有機杏仁業蓬勃市場裡為數可觀的一部分。他們最大的客戶之一，通用磨坊，近期要求旗下供貨商把傳粉生物保育納入生產線，於是鮑爾便聯絡薛西斯協會。「他們真心地接納這個概念。」李曼德跟我說，而的確，鮑爾自己多年來也嘗試實驗著原生植物的功效。溝渠裡的黏苞草就來自他的努力，而他也在堤岸上播種了羽扇豆、罌粟、鐘穗花屬與克拉花屬。如今已是仲夏，那些早開的花早變成乾莢，但有些罌粟花與牽牛花依然開得正艷。當大家忙著握手寒暄時，我留意到好兆頭，在明麗的花瓣間移動著的，是一種常見的眼蛺蝶那黑黝黝的斑點翅膀。

「我們在杏仁上嘗試了三種策略，也有些成效。」李曼德開始說道，同時告訴鮑爾為何結合灌木樹籬、當地原生覆蓋植物，以及帶狀栽植能夠幫助回復鮑爾農場裡的蜂群。李曼德說話的時候既溫暖又有自信，似乎能讓任何人都放下心裡的大石頭。他年屆四旬，凝眸而視，頭髮削得短短的，依然未改之前從事科技業時的專業俐落。「我是薛西斯協會裡的資本家代表。」他後來開玩笑地說著。然而，儘管他的同事都擁有昆蟲學學歷，李曼德的實力和才幹卻更深入人心。他自小在北達科他州長大，家裡就養蜂。後來，儘管他從事過各種行業，但這些根源卻是如今他能與工作夥伴連接起來的橋樑。「我努力建立真正的交情。」他坦露地說道。「把信任感建立起來，是工作上最大的挑戰。」

至於鮑爾，似乎懷著審慎的樂觀，等待今日開始。他真心對建立更多的蜂群棲地感興趣，並且，就像其他農人一樣，好奇究竟是哪些植栽能夠完美勝任。當我們走訪於田野邊、廢棄池塘與農場裡其他可以用於種植的空置角落時，討論從混雜種植各種野花，到開花灌木叢，再轉移到野草控管。不過，身為農人，他也有著可行性與最後底線的考量，像是「我們必須避開任何會和杏仁花競爭的東西」、「我的員工會需要整整兩天把那些雜草清理乾淨」，這類把討論帶回現實的意見。午餐時間到時，我們在農場總部裡，在開了空調、舒適宜人的員工室裡，舒暢地從外頭攝氏三十五度的熱騰裡解脫。不過，鮑爾說這天氣算是涼爽，在接下來幾個禮拜會變得更難以忍受。「攝氏四十五度——是採收的最佳時機！」他笑道，引述一個老掉牙的家訓。配著那天早上才剛從他農園裡鮮摘的西瓜，我們聽了更多有關他家族的事——他的曾祖輩如何用火車把騾運送橫跨北美，還有他和妻子將要為鮑爾家農人的第五代增添新嬰兒成員。最後，談話又繞回了蜂，還有種植杏仁最棘手的挑戰：讓那上千棵樹都能夠好好授粉。

「自從蜂大量死亡以來，尋找蜂一直是一個問題。」鮑爾承認。他有著那種吃了誠實豆沙包、玩撲克牌定會被痛宰的臉，如今那張臉上卻罩以憂思。不過，其他種植杏仁的農人境況大抵也相差無幾——每年，傳粉作用都是一場豪賭。當地的蜂群數量太少，加州果園一直以來都仰賴租借授粉生物，來確保收成可期。商業養蜂人遠從佛羅里達州、緬因州而來，好在那為期三個禮拜、為蜜蜂與杏仁綻放而瘋狂的，世界上最競爭激烈、最有利可圖的市場裡分一杯羹。依據每英畝建議囤放兩個單位來估算，加州種植者需要超過一百八十萬個蜂巢，才能夠照料到所有擁有的樹。但要滿足這樣的需求，變得益加困難——自蜂群崩壞症候群爆發之後，蜂的供給就一直還未從中恢復過來。十年前，五十塊美金一個的蜂巢租價，如今可以漲到四倍之多。蜂巢身價的水漲船高，讓它們變成新聞媒體口中「偷蜂賊」的目標。現在，每年有上千個蜂巢在果園裡消聲匿跡，在三更半夜裡神隱無蹤，被重新上漆、換個商標再租給其他的種植者。其中牽涉的金額可謂驚人。在二〇一七年時，警方逮捕兩名管理走私蜜蜂的男子，其中價值接近一百萬美元。

面對如此高風險，更多的種植杏仁的農夫開始探究原生蜂的潛力也就不足為奇了。李曼德迅速地指出，僅僅種植一些花卉與樹籬並不是解決所有問題的靈丹妙藥——即使是最對蜂友善的農園，每年仍需租用蜂。然而，有研究證明野生物種的存在可以增加果實產量，且顯示種植自然植被能快速地將果園中的授粉生物多樣性提高三倍。額外的花朵對蜂也有益，能增進營養，並減輕持續移動所帶來的壓力。[4]養蜂人感謝並積極尋找那些在杏仁花開後仍願意讓蜂巢留在原處的果園，讓蜂可以享用更多樣化的花粉與花蜜。在生態保育的專業術語中，提供蜂群棲地可以獲得「累積的環境效益」——支持各種有益的昆蟲和其他物種，同時還能固碳、增加土壤含水量，以及增加土壤的有機物質。然而，參與這項計畫的決定，往往源於一些更基本且難以形容的因素：如鮑爾的話所述，幫助蜂是「應該且正確的事情」，鮑爾農場也希望成為此行為的表率。他與李曼德投入大量時間討論如何讓植栽在主要道路上展現出醒目且吸引人的景象。「我們希望人們能看見這一點。」鮑爾如此說道。

等到我們要離開鮑爾農場的時候，我們見到了鮑爾的母親與姊姊，並且和他姐夫討論牽引機，還品嚐了在他們家後頭樹上所摘下的新鮮桃子。一個為蜜蜂棲地所擬定的明確計畫已然成形：薛西斯協會會提供技術上的專業，並且協助支付購買種子的花費，鮑爾農場則提供人力。在道路兩旁的帶狀種植會是第一要務，然後是樹籬式的排栽灌木，還有幾英畝的老舊池塘與牧場。把這些計畫逐一落實，李曼德認為農場會是新成立的「好好蜂收」認證計畫的當然通過者。仿效有機與公平貿易認證，此計畫旨在為對蜂友善的產品，添附一個可識別的標章（與價值）。當我們告別而擠回車上時，鮑爾承諾會對此研究看看。「很開心能有你們來一起努力。」臨別時，他如此說著，而我沒有提醒他，我只不過是個旁觀者。被誤認為其中一員，感覺挺好的。

李曼德和我都有班機要趕，但我們還有些時間，剛好足夠去一個灌木樹籬已然完熟、他很想帶我去看看的地方。「在那方天地裡，變化之大令人瞠目結舌。」他解釋著。「眼看那原先幾乎可以用一片荒土來形容的地方，搖身一變為花，充斥著生命……，讓人不敢置信。」除了預期裡的蜂，李曼德看過各種各樣的其他生物，造訪他那片復育土地，從蜂鳥與蝴蝶，到郊狼、雉雞、蛇與猛禽。有一次，一隻遊隼就在他頭頂正上方，從半空中把一隻椋鳥叼走。「我推測不出來這些動物打哪兒來的。」他說著；我們當時開過一英里又一英里的果園與田地，全都一直耕植到緊鄰於道路旁，我能體會他的驚詫。謬爾曾形容這裡是全世界最大的蜜蜂採蜜場，如今卻鮮能找到一小撮殘留的天然植被。當謬爾回憶起在一八六八年春天，第一次造訪這裡時，他形容這座谷是「一塊平整、連綿不斷的蜂蜜花床，如仙境般富饒，若從一端走到另一端，綿延超過四百英里之遙，每一步走下去都足踏超過一百朵花。」[5]在超過一世紀的密集耕種後，竟然還能看到原生蜂與其他野生動物的事實，是極度鼓舞人心的，就好像是有一個彷彿謬爾所謂的野生蜜蜂採蜜場，不過是落於眼不可見之處，只待百花再度爭綻的時候，隨時能夠再次繁榮興茂起來。

當我們到達灌木樹籬的地方時，李曼德的語氣突然變得帶有歉意，彷彿經過這一切的鋪陳之後，他害怕我可能會感到失望。他在打預防針，警告說季節已經太晚，難以見到很多蜂，而且這個特殊的樹籬面臨著許多問題。「這實際上是個疫情頻繁的地方，」他說，然後開始囉嗦著列出一連串的挫折，從洪水、誤入的道路工程機械，到一個醉酒的駕駛闖入一大片新種的植物。但儘管如此，我還未下車就已經能看到那條灌木樹籬確實已有成效了。它沿著路邊伸展出豐滿的綠色，就像是在沙漠海灘上翻滾的綠浪。加州丁香樹、苦艾和海濱藜長得高聳，間或點綴著像野蕎麥和歐蓍草這樣的多年生植物。它們的綠葉提供了陰涼的避風港，與路的另一邊形成了鮮明的對比——那裡是一片充滿灰塵、極度乾燥的邊緣四散著稀疏零散的薊葉矢車菊。我們在路邊停下來，當李曼德在講手機時，我走出車外，走進炙熱的氣溫，來看看這片土地的實情。

正值七月，就算是謬爾都不容易在中央谷灌木裡找到蜂的蹤跡。烤焦人的乾燥氣候，讓夏天成為他所謂當地植物的「休憩沉睡時節」，而我一點也不意外大部分的灌木與多年生植物早就已經結好了種子。[6]然而，它們的綠色枝葉仍然充滿著生命活力。我看到了蜘蛛和胡蜂，以及許多停棲在細枝樹尖上的纖細蜻蜓。一隻美洲食蜂鶲在我頭上發出尖細的呼叫，我還從一棵接骨木莓灌木的後面聽到一隻知更鳥在模仿牠的歌聲。接著，我看到了一片黏苞草還在盛開，那是與李曼德在鮑爾農場溝渠中所看到的同一種類。它的黃色花朵在陽光下閃耀著光芒，不久之後，兩隻黃斑銀弄蝶和一隻白粉蝶便停下腳步來採取花蜜。隨後，一隻小而閃亮的汗蜂飛來，牠的腹部有著精細的黑白條紋。牠後腳上黏附的花粉告訴我，牠仍在附近的某個地方供應著窩巢，我看著牠忙碌地又刮又戳，將更多的金色花粉粒加入到牠的儲藏之中。在其他環境中，這種情景可能並不引人注目——一隻本土的蜂在一朵本土的花上正常活動。然而，在這裡，在世界上耕作最為密集的地方之一，那隻小小的蜂讓我覺得牠是一個強大恢復力量的象徵，以及在幾乎任何地方都有潛力恢復蜂群的可能性。因此，薛西斯協會與各個地主合作並不令人驚訝，他們從後院和花園，到高爾夫球場，公園，甚至機場的各種地方創建新的蜂群棲息地。李曼德在某個時候說，「任何人都可以做到這一點」，我在與他的上司，薛西斯協會的執行董事布萊克談話時，又再次聽到了這樣的言論。

「我已經從事保育工作很長一段時間。」布萊克在電話裡跟我說著。「我研究過狼、鮭魚、斑點鴞……。不過，這是第一次我得以展示給人們看，該怎樣做才可以得到他們能夠立即眼見為憑的結果。」這種立即得到滿足的感覺，有部分是因為規模尺度的關係。因為蜂既小又繁殖迅速，所以對小小的改變能夠很快地有所反應。許多品種只需要一個安全的築巢地點，外加幾個禮拜的花期，就能夠繁盛茁壯起來。不過，儘管這能夠讓蜂的復育工作使人心滿意足，卻絲毫無減此一挑戰的難度級別。排栽灌木樹籬與其他棲地的計畫或許正在迎頭趕上，但李曼德和我仍然需要開超過一個小時的車程穿越農田鄉野，才能夠看到一個。並且，還是有其他的問題，是像薛西斯協會的團體還在努力解決的，從殺蟲劑、疾病、到氣候變遷。當我問布萊克是否對蜂的未來充滿希望時，他有些謹慎地笑了笑，然後打趣說，「這要看你是在哪一天問我這

圖 10.2　一隻土生土長的隧蜂在原生野花上覓食，這是加州中央谷蜂類恢復的希望之兆。加州中央谷是全球耕作最密集的生態系統之一。Photo © Thor Hanson.

個問題。」

當我與李曼德一同前往機場的途中，我向他提出了同樣的問題。他默然片刻後，然後再度提到與人連結的啟發，轉了個彎的回答這個問題。他說，當他看到農夫和其他土地所有者接納並成為保育的倡導者時，他在其中看見了希望。他負責的一個果園已經成為一個意料之外的示範場所——現在，它被六英里長的綠籬和棲息地環繞，縱橫交錯。然而，這並不像飽爾農場那樣是個有機的，家族經營的事業——它實際上是屬於一家總部位於新加坡的國際農業集團。「他們一開始有些猶疑，」李曼德承認，然而，當那些最早種植的植株開始盛開並發出嗡嗡聲時，人們的態度從懷疑轉變為熱忱，從那時起，這個計畫一直在擴展。要確保蜂的未來，需要的遠超過幾條樹籬——李曼德在薛西斯協會的同僚們也致力於一些旨在減少農藥使用、保護野生棲息地，以及拯救瀕危物種的計畫。然而，雖然這個過程可能包括長期的政策努力和像「多重效益」這樣的抽象觀念，它也可以具體並讓人感到成就，就像觀察花朵上的蜂一樣，而最大的希望可能在於幫助更多的人親身體驗這種發現。「我喜歡想像我在將一幅他們未曾知曉的美麗畫作遞給他們，」李曼德在一個貼切的總結中說，「一幅他們可以掛在牆上的畫作」。

結語

蜂鳴的林深處[1]

眼下，我慢晃於林，

而夏天，讓金蜂宴饗……

——葉慈《郭爾王之癲狂》一八八九年

在我所居住的那座小島，每年八月裡有幾天，人們都會為了鄉村生活的經典慶典：鄉村博覽會，聚集起來。所有的傳統活動都會如火如荼地進行，從嘉年華會與家畜拍賣，到各種競賽活動。馬術表演總是招來人山人海，但人們也為了賽雞、吃派大賽還有完全以垃圾與回收物做成的服裝時尚秀，擠滿了看台。從稻草人到插花比賽，任何事情都有可能贏得勝利緞帶（還有一點點獎金），而這些年以來，我們家在西瓜、豆子、紅醋栗以及罐裝鮭魚項目上，表現得挺不錯。每一場博覽會都圍繞著一個特定的主題，而今年的主辦者決定以蜂為主軸。現在，海報已出現在鎮上各處，上頭有五隻明亮的熊蜂，在向日葵與三葉草的背景下飛著，還有一大滴的蜂蜜與新的博覽會標語：「全都蜂狂起來！」

在小社群裡，人們對各家根柢通常也多半是心裡有底，所以當博覽會裡的人打來邀請我辦一個下午場、關於蜂的講座時，我一點也不感到意外。我同意了，但建議與其舉辦一場演講，倒不如讓我帶著眾人到集市場地去，把生活在那裡的各種蜂群介紹給大家。這個提議在電話交談裡贏得的停頓足可比擬不知道該如何接話的茫然凝視。不過，最終仍獲得了許可，於是幾天之後，我到該處去事先場勘探索一下，大概就是銀行搶匪的「踩點」吧。

離開幕不到兩個禮拜的時間，而且博覽會場地上，到處都忙得不可開交。我看到彩繪工作人員把各種倉房和附屬建築做最後修飾；家禽與兔子的欄舍也搭建好了；還有位當地雕刻家，豎起一座兩層樓高的金屬蜂窩，能夠俯瞰整個賽馬競技場。不過，乍看之下，我能明白為什麼我所建議的賞蜂漫步之行會遭到質疑。任何沒有建築物的地方，要不是停車場，就是被剪除得短短的草地，被太陽烤得枯萎乾黃。不過，我注意到有一種叫作「貓耳朵」的野草，開著黃色的花四散於各處，而且沒花多少時間，就在其中找到隧蜂，還有某種小小的黑色礦蜂。在博覽會總辦公室的旁邊，我看到蜜蜂正在觀賞用的漆樹上覓食。然後，當我繞經廁所與美食廣場之間的角落時，我無意中發現一片薰衣草，那裡有三種不同的熊蜂，還有一隻活力旺盛的袖黃斑蜂正激動地在芳香紫花上採食。我絲毫不懷疑當博覽會參加人潮來時，牠們依然會在這裡，從人海裡神不知鬼不覺地狂衝而過，畢竟人啊，到時候滿腦子只剩一件事，無視於周遭環繞我們、供養我們，在重要大戲裡領銜主演的牠們。

了解跟蜂有關的事，可能感覺起來很新潮，但這旅程與其說是發現，倒不如比做「再發現」還比較貼切。人類一直生活於牠們周遭或是生活於其中——但只有在最近，我們方停止留神。讓蜂重回到我們覺察範圍裡，能夠再次點燃就有的連結，而且這結果可能是深刻的。我有個朋友，他妻子還很年輕時就毫無預警地走了，因為一種罕見的癌症而撒手人寰，離第一次感覺到症狀不過是幾個禮拜的時間。妻子是個養蜂人，當他和女兒從醫院返回家中時，他們發現她的蜂巢滿是活力四射地騷動。工蜂忙於照料新生的蜂后卵，而不出幾天，牠們成群結隊地冒出，成千上萬地聚集在離前門二十英尺外的楓樹枝上。他看著蜂群看了好幾個小時，後來，把這經驗很動人地書寫了下來，形容那感覺「有魔力似地既療癒、超脫又撫慰」。縱然非凡難得，但這體驗曾經是很稀鬆平常，甚至是預料之內。在歐洲與北美洲，人們曾經習慣遵循一種「跟蜂說說」的做法，把各種大小新聞都報與自家蜂群知曉，從莊稼作物的狀態，到家裡添丁、婚禮與罹疾。當有人過世時，會用歌聲寬慰蜂群，蜂巢覆以陪弔哀悼的黑布。若不如此做，有犯眾怒之險，而且大家都會知道憤怒的蜂群沒過多久就會成群地離開。在那個年代，其實也沒有多久以前，也很常見透過蜂的存在來尋求慰藉，一如詩人葉慈在《茵尼斯弗利島》裡名傳千古地那般抒懷：

栽豆九壟，搭窩一巢，給蜜蜂
煢居在蜂鳴的林深處
終為安寧[2]

無論在哪裡找到牠們，蜂總是充滿活力地鬧哄奔忙，而儘管我們享受牠們的蜂蜜，也感謝牠們在授粉作用中的角色，我們對蜂的鍾情卻不只僅止於實用層面。

卡森在《寂靜的春天》裡，給環境保護運動最有力量的隱喻，一個沒有鳥鳴聲的世界。不過，她同時也警示了，沒有嗡聲作響沒有花，而如今有些地方，這預想已然太過接近於現實了。這大半也取決自我們——用心察覺、留神注意並且採取行動。在我們家，春季裡的第一批蜂依然是期待已久的活動，而且不久之前，我兒子和我才正一起觀察幾隻甫出世的熊蜂蜂后，在南向、陽光下的牆上，努力把自己曬暖。其中三隻是黃色與橘色，第四隻是深層的黑，像是被注入生命力的墨滴，被金子所環繞。「蜂真特別，爸爸。」諾亞說著，我跟他說我同意。然後，他附加了一個觀察，是年輕裡不假思索的智慧，而我知道我必須把這句話拿來當作本書的終結：「這世界沒有我們，也沒有關係；若沒有了蜂，卻是大大有關係。」

誌謝

雖然寫作聽起來是件孤獨的事，但過程裡卻需要許多才幹能士的幫忙與支持。一如既往，謝謝我的出色代理人與文學迷宮嚮導Laura Blake Peterson。我也深感榮幸，能再次與T. J. Kelleher以及他在Basic Books的優秀團隊合作，包括Carrie Napolitano、Nicole Caputo、Isabelle Bleeker、Sandra Beris、Kathy Streckfus、Isadora Johnson、Betsy DeJesu、Trish Wilkinson，還有許多其他隱身幕後的工作人員。

也謝謝所有的科學家、農民、果農以及各個專家與我分享他們的故事、解釋他們的工作——本書中的描述若有錯誤，我都自負其責，一概承受。也謝謝以下人士與組織的慷慨熱心，他們以各種角色推動本書出版。列名沒有一定順序，也對不慎漏掉的人深感抱歉：Michael Engel、Robbin Thorp、Brian Griffin、Gretchen LeBuhn、JerryRasmussen、Jerry Rozen、Rigoberto Vargas、Laurence Packer、SamDroege、Steve Buchmann、David Roubik、Connor Ginley、Butch Norden、Beth Norden、John Thompson、Seán Brady、CarlaDove、William Sutherland、Sophie Rouys、Patrick Kirby、Günter Gerlach、Gabriel Bernadello、Anne Bruce、Sue Tank、Graham Stone、Brian Brown、Alyssa Crittenden、Gaynor Hannan、GeorgeBall、Mike Foxon、Lyminge Historical Society、Martin Grimm、Robert Kajobe、Derek Keats、JamieStrange、Diana Cox-Foster、Scott Hoffman Black、Ann Potter、San Juan Preservation Trust、DeanDougherty、Rob Roy McGregor、Larry Brewer、Uma Partap、Eric Lee-Mäder、Matthew Shepherd、Mace Vaughan、San Juan Island Library、Heidi Lewis、University of Idaho Library、Tim Wagoner、Mark Wagoner、Sharla Wagoner、Dave Goulson、Phil Green、Chris Looney、Jim Cane、CameronNewell、Kitty Bolte、Xerces Society、Bradley Baugher、Baugher Ranch Organics、Jonathan Koch、Steve Alboucq和Chris Shields。

最後，我永遠感謝我的妻兒、家人和超棒朋友圈始終不渝的支持與包容耐心。

附錄一　世界上的蜂科

除了南極洲，超過兩萬種物種在其他大洲的土地上嗡鳴著，而蜂可說是自然界裡最成功的昆蟲族群之一。在接下來的篇幅裡，會以查理・米契納所著的分類學用書《世界之蜂》為本，介紹書裡頭所確認的七個蜂科，來粗淺一瞥蜂的多樣性。雖然有些種類很罕見，許多介紹的蜂都可以在後院、公園、自然環境、農場、野外，甚至是路邊隨處可見。

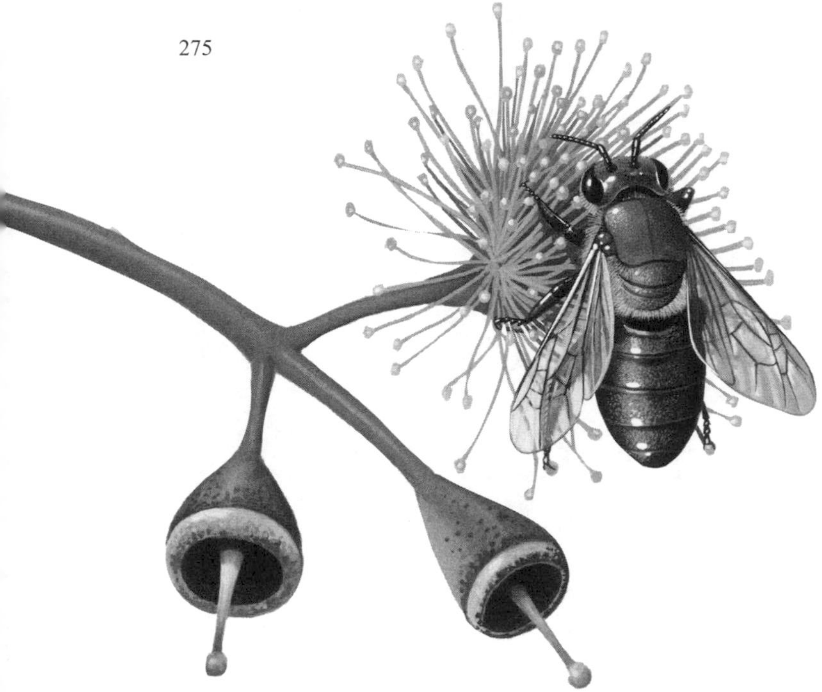

●短舌蜂科（Stenotritidae）（無俗名）

這小小隻但卻獨特的蜂科只活躍在澳洲，在僅約兩個公認的屬裡，包含了大約二十種物種。牠們都強健結實，並且飛得很快，顏色上從亮黃色到黑色或是金屬綠都有。關於這一種類的生物學仍然所知甚少，不過在「*Ctenocolletes*」這屬裡（尚未有中文譯名）的好些物種，曾被觀察到其婚飛模式十分特別。雌蜂會照常採集食糧，積蓄著大量花粉，而整個過程裡雄蜂一直依貼其上！[1]短舌蜂科裡的蜂，造訪許多澳洲獨有植物所開的花，尤其是桃金孃科裡像是桉樹還有俗稱羽毛花的羽蠟花種（*Verticordia spp.*）一類的植物。牠們獨居成性，於地上蓋窩，有時候也會稀疏地聚集一處。上方的圖所示意的短舌蜂科蜂學名為*Ctenocolletes smararagdinus*，正在桉樹的花上覓食。

●擬蜜蜂科（Colletidae）——泥水匠蜂與面具蜂

此科裡，有超過兩千種物種，既分布廣泛又具多樣性，包括了在澳洲所見蜂種的一半以上，還有將近紐西蘭十種當地原生蜂種裡的九種。在全世界，最大群也最廣為人知的，當屬泥水匠蜂（擬蜜蜂屬）還有面具蜂（面花蜂屬）。泥水匠蜂毛茸茸的，有著心型臉，擅用牠們特殊的雙葉舌，把窩巢壁塗滿防水、抗真菌的分泌物。當這「灰泥」硬化之後，會形成一道透明、柔韌有彈性的內裡，看起來就像是某個合成的物質，也因此為牠們贏得「泥水匠蜂」的綽號。面具蜂則貌似小又平滑的胡蜂，只是臉上有著花紋圖樣。牠們不需要毛茸茸的腳與身軀，因為牠們發展出一套把花粉吞入胃裡，帶著傳播的詭奇習性。等到回到窩巢之後，牠們會在各小腔室裡，將花粉與花蜜的混合物反芻而出，再把單一顆卵浮置於這團漿狀物上。面具蜂也特別擅旅，牠們是唯一一種落腳偏遠夏威夷群島的變種，在那裡，一個遠祖的族群「拓荒者」演化成至少六十三種、在其他地方都找不到的不同物種。其中七種當地特有種，最近成為第一批登上美國瀕危物種名單上的蜂種。圖片中的蜂是歐亞泥水匠蜂，是為沙地擬蜜蜂，旁邊是填滿了牠液狀分泌物的窩巢腔室剖面圖。

●地花蜂科（Andrenidae）——礦蜂

雖然在東南亞極為稀少，也幾乎不存在於澳洲，但在其他地方，礦蜂幾可謂隨處可見，並且數量高達將近三千種物種。牠們在有著許多廣大空處的乾燥棲地特別常見，那些空地提供牠們挖掘巢穴通道，對於較大的物種來說，甚至可以深入地下快要十英尺（三公尺）之遙。在本科裡的所有蜂皆為獨居，不過有些種類也的確會把巢穴建於附近，甚至偶爾也會共享巢穴通道。其中最具多樣性的屬（地花蜂屬，有超過一千三百種物種），裡頭的成員以顯眼的兩條穗狀花粉刷為特徵，而且長度可匹敵兩側雙腿全長。牠們通常專用一種，或很少幾種花，和漠地蜂屬（約七百種物種）裡的蜂如出一轍。漠地蜂屬裡的蜂極端溫順，並且裡頭很多種都失去螫人的能力。有研究把沙漠裡礦蜂的繁殖策略比擬作牠們所依賴生存的植物種子。一如種子，休眠的蜂能夠在土裡安然很長一段時間，能為了等待那一場將帶來生命延續所需花季的降雨，等上三年。[2]圖片裡的蜂，是隻黃褐色的雌性礦蜂，正準備把滿滿的花粉團帶入自己巢穴甬道裡。

●隧蜂科（Halictidae）——隧蜂與鹼蜂

此科可是真正以四海為家的，隧蜂科裡包含了超過四千三百種物種，而且幾乎是只要是能夠找到蜂的地方，就有牠。在氣候炎熱之地，此科裡的許多變種都會被人類汗水所吸引，這個習性也延伸成為牠們的俗名：「汗蜂」（sweat bees）。本科的蜂有著各式各樣的社會行為，從全然獨居本性，到與其他蜂共享巢穴、多代同居，還有清楚區分工蜂階級的。雖然許多隧蜂個頭小又不起眼，其中還是有些物種色彩鮮明如虹彩。新大陸金屬青蜂屬裡的成員看起來像是亮綠色的珠寶，而且此科裡也包括鹼蜂（彩帶蜂屬），其正因珍珠似的蛋白光條紋而享譽盛名。隧蜂與鹼蜂是水果與漿果的重要授粉者，對於像苜蓿、三葉草、胡蘿蔔、萬壽菊、百日草等許多種子農作，亦極為重要。大部分隧蜂科裡的蜂，於地上築巢，但也有些物種在樹枝、腐爛的木頭上挖洞。圖片裡所示意的，是一種在樹枝中築巢的迷人中美洲物種，為夜行性隧蜂，以原生真社會性行為，以及能夠在夜裡飛行的適應性而聞名（留意牠的大眼睛和單眼）。

●毛腳花蜂科（Melittidae）——集油蜂

這科裡為數不多的成員，可是已知最古老的化石蜂之一，而且大部分的分類學家都認為牠們是先古血統的殘存後裔。在大約兩百種物種裡，大多數都是高度特化的，只從一種或者少數幾種花裡收集花粉。兩個屬（*Rediviva*〔尚未有中文譯名〕）與寬痣蜂屬）裡的蜂都同樣具有從造訪的花上收集油滴的習性。牠們利用這個不常見的採收，把巢穴腔室一個個排好，並且也同時用來當作幼蟲的補充糧食。在非洲南部，收集油滴的這個習慣，讓其中相關的一個物種演化出能夠伸長至身體兩倍的前腳，例如圖片裡的*Rediviva longimanus*（尚未有中文譯名）。這些笨拙的附屬物能夠幫助蜂探測深埋於花裡頭的油（也就是孿生花距）。這等關係是經過共同演化而成的，讓花的兩對花距大小能夠完美地剛剛好讓蜂的腳放入。一般來說，毛腳花蜂科裡的蜂是獨居性的，並且在地上或是腐爛木頭上築巢。

●切葉蜂科（Megachilidae）——切葉蜂、壁蜂、袖黃斑蜂

本科是既龐大又分布廣泛（超過四千種物種），其中成員也都具有在肚子上攜帶花粉的迷人特徵。大部分的種類，都會把獨樹一格的建築材料一併用於築巢。壁蜂（壁蜂屬）會輕塗上一點泥漿或是黏土，而袖黃斑蜂（黃斑蜂屬）則會利用植物毛絮為氈。其他種類則會把小卵石與花瓣黏在一起，至於切葉蜂（切葉蜂屬）則會用牠們強壯有力的大顎把植被剪斷再組裝起來。牠們是極度有效率的傳粉者，而且許多物種都可以購買得到，以作為水果樹、苜蓿以及杏仁的授粉之用。這科裡也包含了世界上最大的蜂，即華萊士巨蜂（學名為*Megachile pluto*），其翅長可以超過二點五英寸

（六十三點五公釐）。博物學者華萊士在一八五九年發現一個標本，自此之後，有少數人也曾親眼看過——至今，此蜂只現蹤於印尼的三個小島，在那兒，可以抑制愛在樹上築巢的白蟻。大部分此科裡的蜂都是獨居性，不過少數（包括華萊士巨蜂）則是以共居型式生活。圖片裡的右下角是華萊士巨蜂，另外兩隻則是切葉蜂。

●蜜蜂科（Apidae）——熊蜂、木蜂、掘蜂、長鬚蜂、蘭花蜂、南瓜蜂、無針蜂

擁有超過五千幾百種已知的物種，蜜蜂科是所有蜂科裡最大的一科，也是分類學家所謂在外觀與習性上，裡頭的成員都具有無可比擬的多樣性。[3]本科不僅包括了許多我們最熟悉的族群，像是熊蜂（熊蜂屬）、蜜蜂（蜜蜂屬），還有數十種較少為人知的種類，從毛茸茸的藍色木蜂（藍絨木蜂）到有著彩虹光輝的蘭花蜂（長舌蜂屬〔*Euglossa*〕）或者是有著異乎尋常、觸角比身體還長的物種（長鬚蜂屬）。這科裡的成員可以在任何地方築巢，從峭壁到地表甬道、廢棄的鼠輩巢穴或是樹的中空處。有些用泥漿建窩（優拉瑪屬），有些利用植物樹脂（麥蜂屬），而其他種類則在木頭上鑽孔（絨木蜂屬）或者是把斷落莖幹與樹枝的木髓挖掉（花蘆蜂屬）。此科裡，包括許多獨居的物種，還有極度社會化的蜜蜂與無針蜂（像是麥

蜂屬、無螫蜂屬），其複雜的社會結構能大到數以萬計。在這一科裡，超過百分之三十的物種，是偷竊寄生生物，或稱作「布穀」蜂，牠們不築巢也不採集花粉，而是靠著把自己的卵產在其他物種的巢穴裡來繁衍後代。（這種高度成功的生活形態，在大多數的蜂科裡都可以見到，並且已獨立演化出超過二十次）。已知最古老的化石蜂（*Cretrigona*，屬名，無中文譯名），長得和現今的無針蜂（無螫蜂屬）很像，而專家們也相信蜜蜂科很早就演化出來，和牠們所仰賴的開花植物一同繁盛並存。圖片裡展示的是熊蜂屬的熊蜂、長鬚蜂屬裡的長鬚蜂以及無螫蜂屬裡的無針蜂。

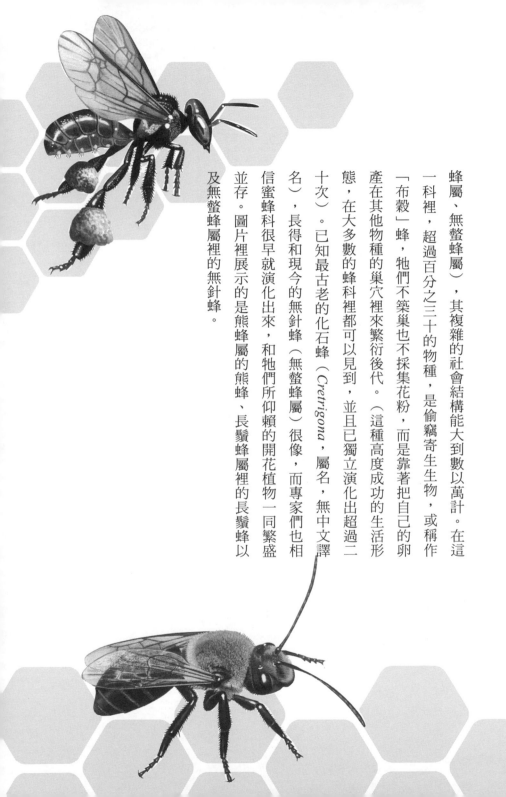

附錄二　蜂的保育

本書收益的一部分會捐助去協助保育、保護野生蜂群。若你也有意捐款去支持這些努力，或是想瞭解更多該如何付諸行動，才能夠幫助自家後院的蜂，請聯絡下列的任何一個組織：

XERCES SOCIETY
for Invertebrate Conservation

薛西斯學會（The Xerces Society）

聯絡地址：628 NE Broadway, Suite 200 Portland, OR 97232 USA
聯絡電話：+1- (855) 232-6639
網站：www.xerces.org

●熊蜂保育信託（Bumblebee Conservati on Trust）

聯絡地址：Beta Centre Stirling University Innovati on Park Stirling FK9 4NF United Kingdom

聯絡電話：+44-01786 594 130

網站：www.bumblebeeconservation.org

●蟲蟲生活（Buglife）

聯絡地址：Invertebrate Conservati on Trust Bug House Ham Lane Orton Watervi lle Peterborough PE2 5UU United Kingdom

聯絡電話：+44-01733 201 210

網站：www.buglife.org.uk

注釋

導論　那些年，我們一起追過的蜂

1. 參見 Seligman 1971 對該理論的解釋，Mobbs, et al. 2010 提供的實驗示例與 Lockwood 2013 對此主題進行的深入探討。
2. 這種對昆蟲的反應出現在生命早期，被認為是「核心」厭惡。請參閱 Chapman and Anderson 2012 這邊了解厭惡研究的精彩回顧。
3. 中國人或許對蟋蟀表現出最大的喜愛，將牠們當作家庭寵物，甚至舉辦精心設計的鳴叫比賽。不過，雖然牠們可能會被運輸或暫時放在竹籠中展示，但大多數寵物蟋蟀的生活都藏在葫蘆或陶罐中（這也有助於放大牠們的歌聲）。
4. 參見 Roffet-Salque et al. 2015。
5. 確定馴化日期是一件棘手的事情，而且經常成為激烈爭論的話題。這段文中的比較依賴於對 6,500 年前養蜂業的保守估計，介於 Roffet-Salque et al. 2015 中指出的第一個可能跡象與古埃及人實踐的先進技術之間。牲畜和作物的定年來源包括 Driscoll et al. 2009 and Meyer et al. 2012
6. Herodotus 1997, 524.

7. 迄今為止，蜂蜜酒或類似蜂蜜酒的飲料最古老的物理證據來自對中國古代罐子中發現的殘留物的分析（McGovern et al. 2004）。但蜂蜜偶爾會在野外發酵，這就提出了一種有趣的可能性：我們的祖先很早就偶然發現了這個想法。

8. 除了蜂蜜酒之外，當蜜蜂採食特定麻醉植物的花蜜時，蜂蜜本身也可能令人陶醉。關於致幻蜂蜜的說法來自馬雅人、尼泊爾的古隆人和巴拉圭的伊希爾人，他們稱一個特殊階層的薩滿為「蜂蜜食者」（Escobar 2007, 217）。

9. 根據《敘利亞藥典》，醫生可以很簡單地建議以蜂蜜治療各種疾病，從喉嚨痛到打嗝、噁心、流鼻血、心痛、視力不佳或精子數量低。蠟也是萬靈藥，可以用來治療牙齒鬆動、睪丸疼痛以及劍、矛、箭等造成的傷口。

10. Ransome 2004, 19.

11. 這個數字來自李維關於公元前一七三年一場小衝突的報告，當時羅馬執政官 C. Cicereius 的軍隊在戰鬥中殺死了七千名科西嘉人，並俘虜了另外一千七百名囚犯。這讓八年前起義後頒布的蠟貢額增加了一倍。李維的《羅馬史》沒有進一步提及科西嘉人。想必，他們太忙於從蜂巢中採集蜂蠟，無暇惹上太多麻煩（Livy 1938）。

12. 詞源學家將「stylus」一詞追溯到拉丁語詞根 sti-，意思是「刺痛」，該詞根構成「刺痛」（sting）的基礎。這就提出了一個迷人的想法：羅馬抄寫員用「毒刺」的語言對應詞在蜂蠟板上潦草地書寫。

13. 梅麗莎（Melissa）仍然是一個受歡迎的女性名字，相關的梅琳娜（Melina）也是如此，希臘語是「蜂蜜」的意思。在希伯來語中，「蜜蜂」這個詞是「d’ vorah」，也是另一個熟悉的名字「黛博拉」（Deborah）的來源。

第一章 蜂，食「素」性也

1. 有證據表明，沙黃蜂和許多獨居蜜蜂一樣，也可能受益於「數量安全」，透過將巢聚集在一起來降低個體被捕食或寄生的風險。
2. 一般來說，成年黃蜂以花蜜或果肉為自己的身體提供能量，同時尋找獵物或腐肉來餵養幼蟲。
3. 資料來自O' Neill 2001.
4. 從緬甸琥珀中描述了一種具有有趣的黃蜂樣特徵的假定蜜蜂（Poinar and Danforth 2006），但此後受到了幾位知識淵博的專家的質疑。不幸的是，該標本仍掌握在私人手中，目前無法進行重新檢查。然而，來自緬甸琥珀的化石前景廣闊，因為它們可以追溯到一億年前的白堊紀中期，這是蜜蜂進化的一個關鍵且完全沒有記錄的時期。
5. *Hylaeus* 屬的黃臉蜜蜂曾經被認為是原始的，部分原因是牠們的黃蜂外觀和吞嚥花粉的習性。最近的研究表明，牠們進化得較晚，只有在採取了吞嚥花粉的習慣後才變得像黃蜂一樣。早期蜜蜂使用的策略仍然存在很大爭議，但傑出的蜜蜂學者米契納認為，原始蜜蜂用牠們所有的任何毛髮在體外攜帶花粉。（Charles Michener 2007）
6. 發現被困在琥珀中的昆蟲是一個極大的諷刺，因為通常是昆蟲（特別是甲蟲）傷害了樹並導致樹脂滲出。作為一種防禦機制，樹脂可能會也可能不會驅離樹木的攻擊者。但在許多情況下，它確實成功地永遠保護了牠們以及無辜路過的生物。
7. 白蛉的腸道含有一種蟲媒原生動物，與引起昏睡病、恰加斯病和利甚曼病的原生動物有關。參見 Poinar and Poinar

2008.

8. 數百種花卉（大部分是熱帶物種）都會產生樹脂。雖然可以想像，這種習慣最初是為了防禦以種子或花瓣為食的食草動物，但在所有已知的情況下，樹脂現在都是對傳粉者（主要是蜜蜂）的獎勵。參見 Armbruster 1984、Crepet and Nixon 1998 以及 Fenster et al. 2004。
9. 後來，諾亞和我了解到，化石樹脂保留了它的另一個古老特性：可燃性。一小塊在我辦公室旁邊花壇磚頭上點燃的琥珀猛烈地燃燒了幾分鐘，產生令人窒息的黑煙。我們的實驗證實，德國人將琥珀稱為「燒石」（bernstein）是正確的，這個詞有時被琥珀行業的工人或來自琥珀產區的人們用作姓氏。

第二章　活色生香的抖音家

1. 林奈將此引述歸因於中世紀學者塞維利亞的伊西多爾（Isidore of Seville, 560-636），他在他著名的《詞源》第一卷中以略有不同的措辭包含了這個想法。
2. Dr. Laurence Packer, “An Inordinate Fondness for Bees,” n.d., archived at www.yorku.ca/bugsrus/PCYU/DrLaurencePacker, accessed September 5, 2016.
3. 有些人認為蜜蜂的眼睛毛髮是機械感受器，即對風向和風速變化敏感的結構。一項著名的研究將圈養蜜蜂的眼毛剃掉，結果發現牠們的導航技能隨後在大風條件下受損（如 Winston 1987 中提到）。其他研究描述了毛髮基部沒有明顯的神經細胞，並指出隨著蜜蜂年齡的增長，毛髮往往會脫落，但沒有明顯的不良影響（例如 Phillips 1905）。

4. 從野蜂研習營回家後，我經歷了一個緊張的時刻，這對於乘飛機旅行的昆蟲學家來說一定很熟悉。當我在機場排隊接受安檢時，我突然想到我的隨身行李裡有兩個裝滿氰化鉀的殺蟲瓶。我感覺就像是頭燈下的鹿看著那個包包消失在X光機中……但它順利通過了。我很高興保留了這些瓶子——氰化物很難獲得。但當我知道我的包包裡裝著裝有致命毒藥的粗製軟木瓶時，確實引起了一個令人不安的問題：我周圍的乘客也可能攜帶著什麼！

5. Keynes (2000) 梳理了達爾文在小獵犬號航行中的筆記，並整理了一份動物標本清單，其中包括 1,529 個保存在烈酒中的標本，3,344 個保存在其他烈酒中的標本，以及 576 個保存在非烈酒中的標本。在眾多寶物中，#1,934 是在福克蘭群島收集的——「在該國射中的鷹胃中取出的老鼠牙齒。」Porter（2010）回顧了達爾文的植物收藏，並在劍橋的 1,476 張植物標本室中發現了 2,700 個標本，那裡存放著他的大部分植物學成果。請注意，這些總數不包括達爾文的地質或古生物學標本，這些標本也很廣泛。

6. 華萊士的大量庫存包括哺乳動物、爬行動物、鳥類、貝殼和昆蟲，正如他題為《馬來群島》的精彩敘述（Wallace 1869，xi）中所報導的那樣。值得注意的是，他的標本中有 83,200 隻甲蟲，占總數的三分之二以上。

7. 有關這種現象的完整解釋（在某些甲蟲和蝴蝶的鱗片中也存在這種現象），請參閱 Berthier 2007。

8. 參見 Graves 1960, 66.

9. 蜜蜂、胡蜂和螞蟻腰部的不尋常位置和發育過程讓牠們腹部的第一部分實際上與胸部異體。但從功能性的角度來說這種區別是無關緊要的，大多數作者只是將蜜蜂的後端稱為腹部（或後體），就像其他昆蟲一樣。

10. Aristotle 1883, 64.
11. Schmidt 2016, 12.
12. 研究人員透過一個巧妙的古怪實驗展示了這種能力，實驗涉及一個簡單的Y形迷宮。在Y形底部釋放的蜜蜂可以輕鬆找到放置在其中一根樹枝上的氣味誘餌。但如果（經過一番苦工）把觸角交叉並用一點膠水黏在一起，同樣的蜜蜂總是遵循牠們相反的觸角信號到達Y的空分支（如 Winston 1987 中提及）。
13. 氣味羽流在野外很難測量，因為在野外，不可能區分視覺和其他氣味線索對覓食蜜蜂如何找到花朵的影響。吉姆・阿克曼巧妙地克服了這一挑戰，他成功地將雄性蘭花蜂吸引到巴拿馬加通湖中部的一個偏僻島嶼上。由於島上沒有自然出現的蘭花蜂，所有拜訪他的芳香誘餌的蜜蜂都必須來自周圍的森林，僅靠氣味引誘穿過半英里的開放水域（David Roubik, pers. comm.）。
14. 參見 Evangelista et al. 2010.
15. Porter 1883, 1239–1240.
16. 單眼存在於從昆蟲、蜘蛛到鱟的各種節肢動物中。牠們的能力各不相同，並且在許多情況下仍然是神祕的。對於蜜蜂來說，越來越多的證據表明牠們在弱光條件下的導航中發揮著作用。少數適應黃昏和夜間覓食的物種都發育出大大增大的單眼（參見 Wellington 1974, Somanathan et al. 2009）。
17. 蜜蜂在運動時也可以使用這種能力，這有助於牠們判斷到附近靜止物體的距離。再加上牠們敏銳而定向的嗅覺，這使牠們對周遭環境有豐富的三維感知（參見 Srinivasan 1992）。

18. 除了極少數例外（例如 *Apis cerana japonica*），蜂眼缺乏區分紅色所需的視感受器。然而，大部分種類仍然可以通過感知綠色背景下紅色產生的光強度差異來定位紅色花朵。

19. 有關蜂紫和其他紫外線花現象的詳細討論，請參閱 Kevan et al. 2001.

20. 許多沙漠花卉將花蜜藏在很深的地方以減少水分蒸發。該物種非凡的口器使其能夠在棲息在一朵深花上時進食，在那裡牠可以繼續掃描周圍環境以尋找危險，同時用舌頭接觸內部的花蜜（Packer 2005）。

21. 曼紐的主張是唯一出現在文獻中的記錄，但故事的另一個版本（也許是杜撰的）將著名的熊蜂計算追溯到路德維希・普朗特、雅各布・阿克雷特或他們的學生參加的雞尾酒會。

22. 如 Hershorn 1980 中提到。

23. 參見 Heinrich 1979.

24. 有關蜜蜂空氣動力學的詳細回顧，請參見 Altshuler et al. 2005.

25. 在一次具有創造力的精彩田野調查中，Dillon and Dudley (2014) 在中國西部山區捕獲了當地的熊蜂（*Bombus impetuosus*），並將牠們放在可以降低氣壓以模擬海拔升高的飛行室中。實驗顯示蜜蜂不是透過增加翅膀拍打的頻率來維持飛行，而是增加振幅（即每次拍打時將翅膀掃得更寬）。

26. 因為蜜蜂的身體很小，所以呼吸和循環系統很簡單，血液可以自由流過大部分體腔，直接與細胞交換營養物質和廢物。空氣也能廣泛擴散，消除了對肺部的需求以及透過血紅蛋白輸送氧氣的需要。

27. 蜜蜂面臨公共關係問題。絕大多數歸咎於牠們的螫傷實際上是由於遭遇胡蜂造成的，特別是胡蜂科的群居物種，即黃蜂、長腳蜂和虎頭蜂。儘管這些生物本身很迷人，但牠們常常表現出令人遺憾的暴躁和徹底的攻擊傾向。就連昆蟲學家也要小心翼翼地對待牠們，我曾經聽到一位群居黃蜂專家在公開演講中承認：「沒有人喜歡群居黃蜂。」

28. E.O. 威爾遜和其他進化論思想家認為，巢穴的群體防禦是發展完全社會性生活方式的必要條件，因此，在蜜蜂等高度社會化的物種中發現最猛烈的蜂螫傷應該相當正常。令人驚訝的是，最大的社會性蜜蜂群體擁有細小、退化的毒刺，無法造成傷害。Meliponine 或「無刺」蜜蜂包括大約 500 種，大部分是熱帶物種。牠們的進化故事仍然存在爭議，但在成為真社會性動物後，牠們似乎失去了螫針，許多種類後來透過產生惡臭、成群結隊的行為以及叮咬後腐蝕性、令人起水泡的化學物質加劇的痛苦咬傷來補償。自殺式、神風特攻隊式的咬人者甚至被認為是無刺物種利他主義的一種措施。但為什麼牠們不簡單地保留最初幫助牠們實現社交性的刺痛能力仍然是每個人的猜測（參見 Wille 1983，Cardinal and Packer 2007，以及 Shackleton et al. 2015）。

29. 蜜蜂的螫傷真的很可怕。除了泵出毒液外，脫離身體的毒刺還會主動將針尖刺入受害者體內，並發出警報費洛蒙，召喚姐妹蜂繼續攻擊。

30. Maeterlinck 1901, 24–25.

第三章　一起耍孤僻吧

1. 這段引文的各種形式經常被誤認為出自十九世紀作家兼劇作家奧諾雷・德・巴爾扎克（Honoré de Balzac）。但他從未說過或寫過類似的事情。這句話出自讓・路易・蓋茲・德・巴爾扎克（Jean-Louis Guez de Balzac 兩人無親屬關係）之筆，他是一位多產的十七世紀散文家、書信作家，也是法蘭西學院的早期成員。Balzac 1854, 280; translation confirmed by S. Rouys, pers. comm.
2. 儘管具有明顯幼蟲階段的化石可追溯到至少兩億八千萬年前，但對昆蟲變態進化的了解卻知之甚少。它可能在減少後代和成蟲之間的競爭方面提供一些優勢，特別是對於那些幼蟲壽命較長的物種。不管怎樣，它已經成為一種極其成功的生活策略，占所有昆蟲的百分之八十以上，包括蜜蜂、黃蜂、螞蟻、蒼蠅、跳蚤、甲蟲、飛蛾和蝴蝶。
3. 在某些蜜蜂（包括果園泥壺蜂的幾種近親）中，每個季節的一部分後代會多休眠一年。從理論上講，演化出這種延遲可以對抗惡劣天氣、零星花粉和花蜜資源或可能消滅整個新興蜜蜂群體的災難性事件。但這種策略並非沒有風險——個體在巢中休眠的時間越長，接觸寄生蟲和病原體的時間就越長。任何位於入口附近的兩年期蜜蜂都會被從後面咬出一條路的一年期蜜蜂消滅（參見 Torchio and Tepedino 1982）。
4. 有趣的是，有證據表明，所有帶刺的黃蜂、螞蟻和蜜蜂的共同祖先都是寄生蜂。這些群體的幼蟲將排便推遲到週期後期，這是寄生蜂用來避免宿主過早患病的習性。這似乎是從共同祖先遺傳下來的共同特徵，表明寄生蜂的生活方式在這個多樣化群體的歷史中已經多次消失（例如蜜蜂、螞蟻）和恢復（例如一些胡蜂）。

5. 英文裡的「戴綠帽子」（cuckold）這個詞也來自杜鵑鳥的習性，人們在開始談論蜜蜂行為之前就認識到了這個類比。英語中「cuckold」的首次使用比「cuckoo bee」一詞早了近六個世紀。
6. 這些致命口器的目的是無可爭議的。它們僅出現在杜鵑蜂幼蟲的最早生命階段。一旦宿主幼蟲被安全消滅，杜鵑蜂幼蟲就會失去武器並像任何正常的小蜜蜂一樣發育。
7. 成年蜜蜂的大小直接反映了牠幼蟲時期接受到的食物量。在像果園泥壺蜂這樣的獨居物種中，這通常會導致雌性明顯更大，但牠也可以反映母親的熟練程度和飛行期間的環境條件。天氣惡劣或花卉資源缺乏的季節會導致第二年的成蟲變小。在蜜蜂或熊蜂等社會物種中，被選擇作為蜂王飼養的幼蟲在幼蟲時期會獲得額外的食物，從而引發生育力並體型變大（蜜蜂甚至生產出一種營養特別豐富的物質「蜂王漿」，專門用於潛在蜂后的飲食中）。
8. Cane, 2012, 262–264.
9. 關於斑馬條紋用途的爭論可以追溯到達爾文和華萊士之間的爭論。
10. 最近的研究表明，它們有助於斑馬保持涼爽，還可以驅除咬人的蒼蠅，儘管其他證據仍然支持視覺效果的重要性（參見 How and Zanker 2014, Larison et al. 2015）。
11. E. O. Wilson interview, "E. O. Wilson on the 'Knockout Gene' That Allows Mankind to Dominate Earth," Big Think, n.d., http://bigthink.com/videos /edward-o-wilson-on-eusociality.
12. Virgil 2006, 79.

13. Michener 2007, 15.
14. Ibid., 354.
15. 然而，當雌性與不只一個雄性交配並儲存來自多個雄性的精子時，這種相關性就會減弱，在某些物種中確實存在這種情況。

第四章　特殊關係

1. Thoreau 2009, 169.
2. 最重要的食花粉胡蜂群落存在於非洲西南部，Gess and Gess (2010) 報告稱，那裡的一些物種有數千個地面築巢聚集體，並且定期造訪紫苑、風鈴草和許多其他科植物。就授粉而言，通常認為牠們不如被同一朵花吸引的各種蜜蜂重要。但對於某些花卉品種來說，在一年中的某些時間，胡蜂造訪的數量遠遠超過蜜蜂，可能是它們最有效的傳粉者。
3. 邱吉爾演講的全文甚至部分影片可以在國際邱吉爾協會網站上找到：www.winstonchurchill.org/resources/speeches/1946-1963-elder-statesman/120-the-sinews-of-peace.
4. 湯普森和其他權威人士現在經常使用這個詞，但他們將其追溯到一九八四年唐納德・斯特朗（Donald Strong）、約翰・勞頓（John Lawton）和理查德・索斯伍德爵士（Sir Richard Southwood）所著的《植物上的昆蟲》一書（Strong et al. 1984）。

5. 蜜蜂、絨毛和花粉之間的聯繫是緊密的——改變其中的任何方面，事情往往會迅速改變。例如，「布穀」蜂不採集花粉，因此沒有理由長毛。因此，很多種類都褪去了絨毛，看起來相當光滑就像胡蜂一般，儘管在顯微鏡下仔細檢查總會發現一些殘留的分支毛髮仍然附著在腿、臉或身體上。
6. 經常取用花蜜的胡蜂是許多物種的不穩定傳粉者，但很少成為植物的忠實夥伴。值得注意的例外包括無花果黃蜂、某些面部有鉤狀毛髮的花粉黃蜂，以及被欺騙與蘭花進行假交配的各個雄性物種。
7. Darwin 1879, 取自 Friedman 2009 中的複印件。
8. 被子植物出現的確切年代仍然存在激烈爭論，但化石和遺傳數據的結合表明可能是侏羅紀時期，也可能在白堊紀多樣化之前以熱帶森林灌木的形式出頭（Doyle 2012 中有綜合回顧）。
9. 摘自 “Flowers,” Longfellow 1893, 5.
10. 從另一個角度來看，即使是紅色也是有限的。一些專家認為，鳥類喜歡紅色花朵與其說是出於偏好，不如說是出於機遇。牠們會造訪一系列顏色，但由於大多數蜜蜂看不見紅色花朵（或者至少較難找到），因此它們為鳥類提供了一個競爭者少得多的花蜜來源，推動鳥類與植物間的特化。如果沒有蜜蜂競爭驅動該系統，鳥類也可能會選擇其他顏色，例如在胡安費爾南德斯群島的無蜜蜂植物區系中，那裡十四種蜂鳥授粉的物種中只有三種是紅色的。
11. 摘自 “Give Me the Splendid Silent Sun,” Whitman (1855) 1976, 250.
12. Sutherland 1990, 843.

13. 摘自 1862 年 1 月 30 日寫給胡克的一封信，存檔於劍橋大學達爾文書信計畫，www.darwinproject.ac.uk。亦見 Kritsky 1991。
14. 事實證明，賽爾科克對這艘船的直覺是正確的。三個月後，他乘坐的船辛克波茲號在哥倫比亞海岸沉沒。其船長和倖存的船員被西班牙殖民政府抓獲並監禁。
15. Bernardello et al. 2001 對胡安・費爾南德斯植物區系進行了徹底且引人入勝的回顧，發現百分之七十三的本土花卉是白色、綠色或棕色。只有百分之十二的花朵是黃色的，而藍色（最吸引蜜蜂的顏色）僅占當中的百分之五。同樣，超過百分之七十五的花朵是圓形或不顯眼的，只有百分之二的花朵呈現雙邊旗形或吸引蜜蜂的花朵中常見的其他對稱性。
16. 至少有一個物種的顏色也從純藍色（吸引蜜蜂的顏色）轉變為可能對鳥類更有吸引力的紫色（參見 Sun et al. 1996）。
17. 布萊迪的陳述依賴於共同繼承的邏輯，這是進化研究的一個關鍵原則。當一群相關的生物體共享一種特徵（比如分支毛髮），最簡單的解釋是該特徵是來自共同的祖先，而不是單獨一遍又一遍地重新發生。
18. 有關這些引人入勝的研究的更多訊息，請參閱 Schemske and Bradshaw 1999 以及 Bradshaw and Schemske 2003.
19. 參見 Hoballah et al. 2007.
20. 在實驗環境中，蜜蜂始終選擇可用糖濃度最高的花蜜（例如，Cnaani et al. 2006）。這種行為在野外很容易觀察到，蜜蜂很快就會學會拜訪蜂鳥餵食器和其他可靠的甜味來源。例如，在哥斯大黎加的拉塞爾瓦生物站，觀看 Trigona 屬無刺蜜蜂的最佳地點是自助餐廳的門廊，牠們在那裡排隊，從當地隨處可見的調味品 Lizano 醬的瓶子邊緣取食。

21. 蜂蜜的含糖量超過 80%，其甜度大約是普通蜜蜂授粉花花蜜的兩倍。

22. 雄性綠舌鳥究竟如何使用這些氣味尚不清楚，但人們認為牠們可能有助於建立名為“leks”的站點，多個雄性在此一起爭奪雌性。有一點是肯定的——僅靠氣味並不能吸引雌性，因為雌性從不拜訪這些花。

23. Darwin 1877, 56.

24. 有關二葉蘭屬（*Ophrys*）演化的其中一個精彩研究，可參閱 Breitkopf et al. 2015.

25. 舌頭長度變長的趨勢是蜜蜂最強的進化信號之一，可能是由於持續需要伸入加深的花距內部。對於植物來說，發育中的花距會吸引範圍更窄、更專注的授粉者群體，並且顯然會導致多樣化。例如，附子屬（*Aconitum spp.*）和飛燕草屬（*Delphinium spp.*）等具有花距的譜系都包含數十個物種，而其缺乏花距的近親黑種草屬（*Nigella spp.*）則只包含極少數的物種。

26. 許多處於專門授粉媒介關係中的植物透過保留一定程度的自花授粉能力（即用自己的花粉產生種子的能力）來抵銷不利影響。事實上，這種預防機制可能有助讓許多花嘗試新的氣味、顏色和其他授粉特徵，讓演化更加容易。

第五章　當花兒綻放

1. 這句話是對法國經濟學家讓・巴蒂斯特・薩伊在其一八〇三年首次出版的《政治經濟學論文》一書中提出的原則

的普遍概括。

2. 這個俗稱「蜜蜂實驗室」的優秀機構有個更長的正式名稱：美國農業部授粉昆蟲生物學、管理和系統研究單位。

3. 掘蜂的屬名來自希臘語，意思是「採花者」。但對於這個物種來說，真正的重點在於牠們的種小名「bomboides」，指的是熊蜂屬「Bombus」。兩者加起來就是一個異常清晰的學名：*Anthophora boboides*，一種看起來像熊蜂的掘蜂。

4. Fabre 1915, 228.

5. Nininger 1920, 135.

6. 這種策略被稱為貝式擬態，它涉及一種無害的物種採用有毒、刺痛或其他危險物種的警告顏色。因此，無害物種利用危險物種的誠實信號而受益，驅離潛在的敵人或掠奪者。這種擬態以十九世紀英國探險家和博物學家亨利・沃爾特・貝茨（Henry Walter Bates）的名字命名，他首先在各種亞馬遜蝴蝶中描述了這種擬態。

7. 雖然掘蜂不叮人，但牠們確實表現出一些發展出其他防禦行為的證據。當我為了寫這個章節造訪懸崖時，一隻雌性被我的網纏住了，我花了一些時間才把牠拉出來。不久之後，我注意到一些蜂在我周圍盤旋、衝近，然後再次後退。在之前的所有遭遇中，蜂都完全忽視了我的存在，但現在有十幾隻或更多的掘蜂糾纏著我——牠們甚至跟著我到了海邊的沙灘上。被困的蜜蜂是否在網中釋放了警報費洛蒙？為了驗證這個想法，我沿著懸崖走了很遠，並將網延伸到了蜂群的不同部分。它立即被盤旋的蜂群包圍。作為一種獨居物種，掘蜂沒有協調防禦的歷史，但牠們是群居的，並且偶爾共享巢穴隧道。防禦是社會演化定義的核心——這種新生的攻擊性會成為這條道路的開始嗎？與我交談過的專家都沒有給出任何解釋，但 Brooks (1983) 在 *A. bomboides* 中注意到了相同的行為，而 Thorp (1969) 在另一個同屬物種中也看到了類似的行為。這是一個精彩的論文題目，正在等待合適的研究生！

8. Brooks 1983, 1.

9. Nininger 1920, 135.

10. 掘蜂也會在牠們收成蜂蜜的過程中輸送水，在牠們雕刻隧道、隔間和塔樓時用它來濕潤土壤。在築巢高峰期，雌性每天要飛往淡水源多達八十次（Brooks 1983）。

11. 可折疊的捕蟲網還可以快速收藏起來，這在可能不受歡迎的地方是一個方便的特點。昆蟲學家稱它們為「國家公園特產」。

12. 這個常見的說法是對一九八九年的電影《夢幻成真》的一個輕微錯誤引用，影片中一位愛荷華州農民在他的玉米田裡建造了一個棒球場，因為他聽到了一句悄悄話：「如果你建造了它，他就會來。」

13. 蜜蜂從苜蓿花中竊取花蜜的習慣為更高程度的盜竊行為奠定了基礎。在我們穿越山谷的過程中，馬克向我們展示了一位商業養蜂人在一片被苜蓿田包圍的租來的土地上開設了商店。幾十個繁忙的蜂巢擠滿了這個狹小的空間，無疑富含蜂蜜。但由於這些蜜蜂未能為牠們拜訪的大部分花朵授粉，這種做法相當於盜竊——吸乾花朵的花蜜而不提供任何回報，從而減少了農民的結籽、產量和利潤。「並不是我不喜歡蜜蜂，」馬克有點粗魯地解釋道。「我只是不喜歡養蜂人。」

第六章　關於蜜鴷、人類及其祖先

1. 在現代用法中，「人族」（hominin）一詞指的是一個特定的靈長類亞群，包括我們的人屬及其已滅絕的近親，包括南方古猿和地猿。它經常與「人科」（hominid）相混淆，「人科」是一個科級別的類別，包括所有類人猿——原始人類以及黑猩猩、大猩猩和猩猩。（這些詞在靈長類分類學的舊版本中是可以互換的，那時將其他類人猿歸入不同的科。）然而，就像人類古生物學中的其他一切一樣，這些定義仍然存在爭議。現在，一些專家更喜歡將與我們關係最近的黑猩猩與人族歸為一類。
2. 這是伊拉斯謨用拉丁語記錄的諺語“Neque Mel, neque Apes”的常見翻譯。Bland 1814, 137。
3. Cane and Tepedino（2016）認為，蜜蜂對北美本土物種最顯著的影響不是在農業或發達地區，而是在野生棲息地，特別是在美國西部，那裡的商業蜂巢經常在蜜蜂為各種農作物授粉幾個月後被「放牧」。
4. Sparrman 1777, 44.
5. 在鳥兒不在的情況下，我們可以找到更多證據來證明鳥兒與人類的密切聯繫。在城市、城鎮和農業定居點附近，幾乎沒有人再去採蜜，鳥類已經開始失去牠們的引導習慣。一些環保主義者現在呼籲在非洲國家公園重新引入傳統的採蜜活動，試圖不僅保護蜜鴷本身，也保護這個物種的標誌性行為。
6. 在飢餓狀態下，當葡萄糖變得有限或無法獲得時，大腦可以在短時間內依靠脂肪酸分解產生的酮來運轉。
7. 一些權威機構現在將胡桃鉗人歸入一個單獨的屬，即傍人屬或「強壯的南方古猿」。牠有時也被稱為

Zinjanthropus，這個名稱最初是由利基家族提出的。撇開命名爭議不談，專家們普遍認為牠不是人類的直接祖先，而是在人屬剛出現時居住在東非的幾種密切相關的「人族」之一。

8. Bernardini et al. (2012) and Roffet-Salque et al. (2015) 為新石器時代的蜂蜜使用提供了良好的證據。

9. 雖然接吻的想法占據了所有的目光，但這項研究揭示了對尼安德特人飲食的深刻見解，特別是牠在不同地方食用當地物產的差異：包括長毛犀牛到野羊，還有蘑菇、松子和苔蘚。然而，由於作者分析的是 DNA 痕跡而不是化學特徵，因此他們無法尋找蜂蜜的證據（Weyrich et al. 2017）。

10. 與肉類、水果、塊莖和其他採集的食品一樣，蜂蜜在哈扎人中廣泛食用。但因為它是特別受青睞的物品，所以也可能成為隱瞞的目標。當份量稀少時，艾莉莎經常看到獵人把蜂巢藏在衣服下面，送給他們的妻子和孩子。

11. 哈扎部落的蜂蜜習慣並不是一個孤立的例子。幾乎在每一個有產蜜蜜蜂的地方，蜂蜜都成為狩獵採集者的重要食物來源。例如，剛果伊圖裡雨林的木布提人也將蜂巢產品列為他們最喜愛的食物。牠們襲擊至少十種不同蜜蜂的巢穴，並在每年的「蜂蜜季節」期間依靠蜂蜜、花粉和幼蟲獲取百分之八十的熱量，這是一個持續長達兩個月，大量開花和蜜蜂大量繁殖的時期（參見 Ichikawa 1981）。

12. Crittenden 2011, 266.

13. Brine 1883, 145.

14. Stableton 1908, 22.

第七章　留住鄧不利多！

1. Thoreau 1843, 452.
2. Sladen 1912, 125.
3. 我試過了，木勺的末端很好用。
4. 額外的好處：過程中，你的廚房將充滿熔化蜂蠟的濃郁氣味。
5. Tolstoy (1867) 1994, 998.
6. Doyle 1917, 302.
7. 在眾多養蜂書籍中，最出色的包括蘇・哈貝爾（Sue Hubbell）的回憶錄《蜜蜂之書》（A Book of Bees, 1988）、威廉・朗古德（William Longgood）的《女王必須死》（The Queen Must Die, 1985），以及《養蜂人聖經》（The Beekeepers Bible, 2010），這是一本由理查德・瓊斯（Richard Jones）和莎朗・斯威尼・林奇（Sharon Sweeney-Lynch）編寫的操作手冊。
8. 普拉斯顯然也了解其他種類的蜜蜂。在一首詩中，她以一種只能來自個人經歷的方式描述了凝視地面築巢蜜蜂鉛筆般細小的洞的過程。總有一天，會有一位有昆蟲學背景的英語系學生寫一篇偉大的論文，糾正所有對普拉斯蜜蜂隱喻的錯誤文學解釋。
9. 例如，當她提到一隻孤獨的蜜蜂時，她顯然不是在談論一隻碰巧落單的蜜蜂！

10. Plath 1979, 311.

11. 雖然這隻鶲鶲戰勝了我們的蜜蜂，但有時也會有反常的情況。幾項研究指出，熊蜂蜂后會將鳥類從巢箱中驅逐出去（某些情況下，甚至在鳥類開始產卵之後）。對韓國兩種山雀播放聲音的實驗表明，嗡嗡聲足以使許多正在孵化的雌性山雀逃離巢穴（Jablonski et al. 2013）。

12. Coleridge 1853, 53.

13. 這裡所指的蜂學名是Bombus sitkensis和Bombus mixtus。由於很少業餘觀察者知道世界上250熊蜂物種之間的差異，因此直到最近，其中許多物種還沒有俗名。喬納森・科赫（Jonathan Koch）是北美西部熊蜂實地指南的主要作者，他發現自己在該書付印之前一直在發明名字。他在一封電子郵件中告訴我，B. mixtus 贏得了「毛角熊蜂」的稱號，因為雄性的觸角內表面有一簇橙色的絨毛，還因為它「聽起來很可愛」。

14. 在《物種源始》中，達爾文宣稱大黃蜂是紅三葉草的唯一傳粉者，但他後來了解到蜜蜂也會拜訪這些花（就像各種獨居蜂類一樣）。他為自己的錯誤感到羞愧，並寫信給一位朋友：「我恨自己，我恨三葉草，我恨蜜蜂」（摘自1862年9月3日給約翰・拉伯克〔John Lubbock〕的一封信）。

15. Darwin 1859, 77.

第八章　每三口食物

1. 大麥克的成分在全球不同的角落確實略有不同。例如，南非人會添加一片番茄，而在崇敬牛的印度，牛肉則被雞肉或羊肉取代。

2. 餵奶牛糖果和其他奇怪的東西是一種常見的做法，特別是在穀物價格高的時候（參見 Smith 2012）。

3. 這種產油芥菜的英文俗名和「強姦」（rape）是同一個字。為了克服該名稱明顯的行銷限制，曼尼托巴大學的作物研究人員將他們的品種命名為"Canola"，取自「加拿大產低酸油」（Canadian oil, low acid）。

4. 在關於生菜授粉令人驚訝的稀少研究中，瓊斯（Jones, 1927）發現，蜜蜂幫助花粉在同一株植物的花內和花間移動，從而提高了受精率和每朵花輸送的花粉粒數量。D' Andrea et al.（2008）使用遺傳工具證實了可能偶爾來自蜜蜂的異花授粉，距離可達 130 英尺（40 公尺），這是研究檢驗的最遠間隔。

5. 棗椰樹的風授粉效率極低，一些專家認為，棗椰樹可能曾經（至少部分）依賴昆蟲。它們來自哪種野生棕櫚仍不得而知，但蜜蜂、甲蟲或蒼蠅授粉在該家族中比風授粉更為常見。此外，雌花中的組織似乎仍然能夠產生花蜜，並且一些雄性品種會產生芳香的花朵。布萊恩・布朗告訴我，他有時會看到雄花上的蜜蜂被大量的花粉覆蓋，看起來「喝醉了」。參見 Henderson 1986, Barfod et al. 2011。

6. 奇怪的是，直到十八世紀這種深入的實踐知識才轉化為對授粉的科學理解。授粉的細節，尤其是昆蟲在過程中扮演的角色一直沒有得到解答，直到達爾文那一代的人在一八六〇年代認真研究這個問題。

7. 古代世界的椰棗供應商似乎一心要讓嗡嗡作響的昆蟲失業，他們利用人類授粉的果實來篡奪通常為蜜蜂保留的另一個角色——生產蜂蜜。在古代世界，「棗蜜」經常被當作真品當掉，或者在蜜蜂缺少的地方作為廉價替代品出售。

在阿拉伯語中稱為“rub”，希伯來語中稱為“silan”的棗蜜，現在仍然是中東和北非各地美食中常見的甜味劑。

8. Theophrastus 1916, 155.
9. 生產香草豆的蘭花通常依賴特定的熱帶蜜蜂，但可以輕鬆地用牙籤進行手工授粉。當人們在十九世紀早期發現這個竅門時，生產從墨西哥（香莢蘭及其相關蜜蜂的原產地）轉移到整個熱帶地區，從而剝奪了墨西哥種植者曾經利潤豐厚的香草壟斷地位。

第九章　空蕩蕩的巢

1. Miller 1955, 64.
2. 遺傳證據表明，B. californicus 可能只是更廣泛分布的黃色熊蜂 B. fervidus 的局部顏色變體。
3. 這是索普尋找富蘭克林熊蜂的精彩短片，線上存檔在 www.cnn.com/videos/world/2016/12/08/vanishing-sixth-mass-extinction-domesticated-bees-sutter-mg-orig.cnn/video/playlists/vanishing-mass-extinction-playlist.
4. 雖然經常有報導說提比略喜歡吃黃瓜（Cucumis sativus），但沒有證據可以證實歐洲在中世紀前有生產黃瓜。
5. 他能夠取得的親近物種是 Cucumis melo，是一系列甜瓜的祖先，包括哈密瓜、蜜瓜和卡薩巴甜瓜（casaba）（Paris and Janick 2008）。
6. 引用自 Paris and Janick 2008，由 H. Rakham 翻譯。
7. 白尾熊蜂（B. moderatus）生活在阿拉斯加和加拿大北部，儘管存在微孢子蟲病原體，但西部熊蜂的種群似乎也很穩定。史俊和其他研究人員迫切想知道這是否是微孢子蟲的另一種菌株，或者氣候和其他環境條件是否可能改變其影響。

8. 對於蜜蜂飛多遠的問題，最好的答案是「牠們需要飛多遠就飛多遠」。覓食範圍差異很大，直接反映了花朵的可得性。典型的距離可能是三公里左右，但在花朵稀疏的地區（或一年中的某些時間），工蜂經常要移動更遠的距離來尋找花蜜和花粉。

9. 一個一九三三年的巧妙研究記錄了蜜蜂從甜三葉草田飛行近十四公里到鄰近灌木叢中隔離的蜂巢（Eckert 1933）。蜂群並沒有在這種條件下繁榮起來，但實驗表明，當需要時工蜂能夠漫遊的距離。一項近期的調查透過解碼在約克郡荒原覓食的蜜蜂的搖擺舞證實了這一發現，在那裡，蜜蜂飛行最遠十四公里才能到達盛開的石南花叢（Beekman and Ratnieks 2000）。

10. 科學上的不確定性和對蜂群崩壞症候群的分歧很快就蔓延到了公共領域，尤其是對殺蟲劑和基改作物可能影響的尖銳批評。不同的結果和解釋讓各方都能找到至少一些證據來支持自己的立場，從而加劇並延長了爭論情緒。事實上，蜂群崩壞症候群爭議本身現在已經成為學術界關注的話題。社會科學家將其利益衝突、強烈情緒和重要政策影響的結合視為公眾科學認知的案例研究材料（例如，參見 Watson and Stallins 2016）。

11. 花蜜中存在生物鹼和其他防禦性毒素的情況不常見，但卻廣泛存在，至少存在於十幾個植物科中。這種現象的研究還很少，但它可能有助於建立專門的傳粉者關係。例如，死亡卡瑪斯蜂（death camas bee, Andrena astragali）似乎能夠解毒其命名的植物花蜜和花粉中的強效生物鹼。沒有其他已知的傳粉媒介可以做到這一點。我曾經發現一隻「布穀」蜂從死亡卡瑪斯花中啜飲過。牠太昏昏欲睡了，我把牠帶在手指上半個小時，最後把仍未清醒的牠放在另一株（無毒）植物上。有關有毒花粉的更多訊息，請參閱 Baker and Baker 1975 和 Adler 2000。

12. 有跡象表明，蜜蜂至少可以識別一些最有害的化學組合。研究人員最近注意到「埋藏花粉」的增加，這些隔間充滿了被遺棄的花粉，並用蜂膠覆蓋，就像蜜蜂隔離蜂巢中的異物一樣。埋藏的花粉通常顏色奇特，並且特定的殺菌劑和其他殺蟲劑的含量很高。參見 van Engelsdorp et al. 2009。

第十章　陽光下的一天

1. Muir 1882b, 390.
2. 後來我找了生產杏仁收割機的公司的技術人員聊聊，他說大多數型號都將吸引與鏟動結合起來以拾取堅果。不管怎樣，他確認保持果園地面清潔和裸露對於高效營運至關重要。
3. 加利福尼亞甜灰蝶（*Glaucopsyche xerces*）只生活在舊金山附近的沿海沙丘中，以當地的羽扇豆和蓮花為食。由於棲息地喪失，於一九四〇年代消失，被認為是第一種因人類活動而滅絕的北美蝴蝶。
4. 那天稍晚，我們經過一片盛開的巨大向日葵田，周圍有規則間隔的蜂巢。當我們放慢速度仔細觀察時，我們注意到每個蜂巢頂部都放著大罐糖漿。這似乎令人難以置信——在盛夏時節，在肥沃的農田裡，蜜蜂需要補充飼料來維持生命。回憶起他年輕時北達科他州多產、充滿蜂蜜的蜂巢，埃里克感到震驚，而且有點生氣。「這就像看著一頭飢餓，少了一隻腳的牛。」他說，然後我們繼續前行。

5. Muir 1882a, 222.
6. Ibid., 224.

結語　蜂鳴的林深處

1. Yeats 1997, 15.
2. Ibid., 35.

附錄一　世界上的蜂科

1. 參見 Houston 1984。
2. 參見 Danforth 1999。
3. 參見 Danforth et al. 2013。

索引

人物

地名

物種／動物

植物

名詞

BUZZ: The Nature and Necessity of Bees by Thor Hanson

蜂：牠們從哪裡來，又為何如此重要？

作　　者　索爾・漢森（Thor Hanson）
譯　　者　駱宛琳
選 書 人　王正緯
責任編輯　王正緯
校　　對　童霈文
版面構成　簡曼如
封面設計　徐睿紳
行 銷 部　張瑞芳、段人涵
版 權 部　李季鴻、梁嘉真
總 編 輯　謝宜英
出 版 者　貓頭鷹出版

發 行 人　凃玉雲
發　　行　英屬蓋曼群島商家庭傳媒股份有限公司城邦分公司
　　　　　104 台北市中山區民生東路二段 141 號 11 樓
畫撥帳號：19863813 ／戶名：書虫股份有限公司
城邦讀書花園：www.cite.com.tw ／購書服務信箱：service@readingclub.com.tw
購書服務專線：02-25007718 ～ 9（週一至週五 09:30-12:30；13:30-18:00）
24 小時傳真專線：02-25001990 ～ 1
香港發行所　城邦（香港）出版集團／電話：852-2877-8606 ／傳真：852-2578-9337
馬新發行所　城邦（馬新）出版集團／電話：603-9056-3833 ／傳真：603-9057-6622
印 製 廠　中原造像股份有限公司
初　　版　2023 年 8 月
定　　價　新台幣 480 元／港幣 160 元（紙本書）
　　　　　新台幣 336 元（電子書）
I S B N　978-986-262-645-0（紙本平裝）
　　　　　978-986-262-648-1（電子書 EPUB）

讀者意見信箱　owl@cph.com.tw
投稿信箱 owl.book@gmail.com
貓頭鷹臉書　facebook.com/owlpublishing/

【大量採購，請洽專線】(02)2500-1919

城邦讀書花園
www.cite.com.tw

國家圖書館出版品預行編目 (CIP) 資料

蜂 : 牠們從哪裡來 , 又為何如此重要 ?/ 索爾 . 漢森 (Thor Hanson) 著 ; 駱宛琳譯 . -- 初版 . -- 台北市 : 貓頭鷹出版 : 英屬蓋曼群島商家庭傳媒股份有限公司城邦分公司發行 , 2023.08
面 ;　公分
譯自 : Buzz : the nature and necessity of bees
ISBN 978-986-262-645-0(平裝)

1.CST: 蜜蜂科　2.CST: 動物生態學　3.CST: 動物保育

387.781　　112009372

本書採用品質穩定的紙張與無毒環保油墨印刷，以利讀者閱讀與典藏。